Autorenverzeichnis

Ulrich Wiehle
Michael Diegelmann
Henryk Deter
Dr. Peter Noel Schömig
Michael Rolf

Unternehmensbewertung

Methoden
Rechenbeispiele
Vor- und Nachteile

2. Auflage 2005
© cometis AG, Unter den Eichen 7, 65195 Wiesbaden.
Alle Rechte vorbehalten
Coverfoto: cometis AG

Das Werk ist einschließlich aller seiner Teile urheberrechtlich geschützt. Jede Verwertung außerhalb der engen Grenzen des Urheberrechtsgesetzes ist ohne Zustimmung der cometis AG unzulässig und strafbar. Dies gilt insbesondere für Vervielfältigungen, Mikroverfilmungen und die Einspeicherung oder Verarbeitung in elektronischen Systemen.

Anmerkung:
Die Erläuterungen, Interpretationen und Vor- und Nachteile der einzelnen Unternehmensbewertungsmethoden und Kennzahlen geben zum Teil die persönliche Einschätzung der Autoren wieder. Trotz sorgfältiger Recherche und Prüfung der Inhalte kann eine Garantie oder Haftung für die Richtigkeit oder Vollständigkeit nicht übernommen werden.

ISBN 3-9809461-1-8

Vorwort der Autoren

Liebe Leser,

das Thema Unternehmensbewertung gewinnt in der heutigen Zeit z.B. im Zuge von Übernahmen, Nachfolgeregelungen oder Aktienresearch immer mehr an Bedeutung. In der Vergangenheit hat sich eine Vielzahl unterschiedlicher Methoden entwickelt, um einen »fairen« Unternehmenswert aus fundamentalen oder quantitativen Gesichtspunkten zu ermitteln. Ziel des vorliegenden Handbuchs ist es daher, dem Leser einen Überblick über diese Verfahren zu verschaffen:

- Welche Unternehmensbewertungsmethoden finden in der Praxis Anwendung?
- Wie ermittelt sich aus dem jeweiligen Verfahren ein Unternehmenswert?
- Worin liegen die Vor- und Nachteile der jeweiligen Methode?
- Welche Faktoren sind für die Unternehmensbewertung besonders zu berücksichtigen?

Um die Verständlichkeit für unsere Leser zu optimieren, haben wir uns entschieden, anhand eines einheitlichen Jahresabschlusses für jedes einzelne Verfahren eine Bewertung zu errechnen. Das Hauptaugenmerk liegt hierbei nicht auf einer detaillierten Darstellung der einzelnen Verfahren, sondern vielmehr darauf, die Konzeption zu vermitteln und somit grundsätzliches Verständnis für die Anwendung von Unternehmensbewertungsmethoden in der Praxis zu wecken.

Das Handbuch ist somit ein idealer und ständiger Begleiter für alle, die sich bislang erst wenig mit dem Thema Unternehmensbewertung auseinandergesetzt haben und einen Überblick gewinnen möchten oder aber für Experten, die Ihr Wissen zügig wieder auffrischen wollen.

Zu bedenken ist beim Thema Unternehmensbewertung vor allem eines: Ein wirklich objektiver, fairer Wert für ein Unternehmen existiert nicht! Will man deshalb erfolgreich verhandeln, so müssen die Funktionsweise und die entsprechenden Vor- und Nachteile geläufig sein, um die eigenen Interessen in der Praxis umsetzen zu können.

Herzlichst, Ihre Autoren

P.S.: Mailen Sie uns an **books@cometis.de**

Hinweise zur Benutzung des Handbuchs

Das Handbuch »Unternehmensbewertung« gliedert sich in sechs Abschnitte: Ausgangspunkt für alle Rechenbeispiele des Handbuchs ist der in Kapitel eins dargestellte, beispielhafte Jahresabschluss. Alle Zahlenbeispiele können folglich der Bilanz, der Gewinn- und Verlustrechnung, dem Cash Flow Statement bzw. den zusätzlichen Informationen auf Seite 16 entnommen werden und dienen einem verbesserten Verständnis.

Während in Kapitel zwei eine kurze Einleitung zum Thema Unternehmensbewertung folgt, beschäftigt sich das dritte Kapitel mit dem sogenannten Diskontierungsfaktor bzw. Kapitalisierungszins, der in zahlreichen Methoden eine wichtige Rolle spielt. Die Kenntnis von Methodik und Berechnung der Diskontierung ist grundlegende Voraussetzung für das Verständnis der Unternehmensbewertung.

Das vierte Kapitel ist das Herzstück des Handbuches. Hier werden die gängigsten Unternehmensbewertungsmethoden jeweils auf einer Doppelseite in Form einer

- prägnanten Erläuterung,
- kritischen Würdigung der Methode in Form von Vor- und Nachteilen,
- Formel für die Berechnung sowie
- Beispielrechnung anhand des Jahresabschlusses in Kapitel eins dargestellt.

Die Kapitel fünf und sechs gehen vertiefend auf den notwendigen Input für einzelne Verfahren ein: Kapitel fünf zeigt in Ergänzung zum Multiplikatorverfahren (4.7.) die wesentlichen Kennzahlen, wie z.B. Gewinn je Aktie oder das Kurs-Umsatz-Verhältnis auf, die sowohl im Mittelstand als auch an den Finanzmärkten weit verbreitet sind. Kapitel sechs erörtert vertiefend die Berechnung der einzelnen Cash Flows als Grundlage der sogenannten Discounted Cash Flow-Verfahren.

Inhaltsverzeichnis

1. Beispiel Jahresabschluss

1.1	Bilanz	12
1.2	Gewinn- und Verlustrechnung	13
1.3	Cash Flow Statement	14
1.4	Zusatzinformationen	16

2. Einleitung Unternehmensbewertung

2.1	Anlässe der Unternehmensbewertung	18
2.2	Checkliste kritischer Faktoren	19

3. Der Kapitalisierungszins

3.1	Einleitung	22
3.2	Beta	23
3.3	Eigenkapitalkosten (CAPM)	24
3.4	Eigenkapitalkosten (Mehrfaktorenmodell)	25
3.5	Fremdkapitalkosten	26
3.6	Gewichteter Kapitalkostensatz (WACC)	27
3.7	Opportunitätszins	28

4. Methoden der Unternehmensbewertung

4.1	Substanzwertverfahren	30
4.2	Liquidationswertverfahren	32
4.3	Ertragswertverfahren	34
4.4	Mittelwertverfahren	36
4.5	Stuttgarter Verfahren	38
4.6	IDW S1	40
4.7	Multiplikatorverfahren	42
4.8	Discounted Cash Flow (Entity Verfahren)	44
4.9	Discounted Cash Flow (Equity Verfahren)	46
4.10	Adjusted Present Value (APV)	48
4.11	Dividend Discount Methode	50
4.12	Realoptionen	52
4.13	Sum of the parts-Bewertung	54

Inhaltsverzeichnis

4. Methoden der Unternehmensbewertung

4.14	Economic Value Added (EVA)	56
4.14.1	Net Operating Profit after Taxes (NOPAT)	58
4.14.2	Investiertes Kapital	59
4.14.3	Economic Value Added (pro Jahr)	60
4.14.4	Market Value Added (MVA)	61
4.15	Zusammenfassung der Ergebnisse	62

5. Kennzahlen der Unternehmensbewertung / Multiplikatoren

5.1	Gewinn pro Aktie	66
5.2	Cash Flow pro Aktie	67
5.3	Kurs-Gewinn-Verhältnis (KGV)	68
5.4	Price Earnings Growth Ratio (PEG)	69
5.5	Kurs-Cash Flow-Verhältnis (KCV)	70
5.6	Dividendenrendite	71
5.7	Marktkapitalisierung	72
5.8	Kurs-Umsatz-Verhältnis	73
5.9	Kurs-Buchwert-Verhältnis	74
5.10	Enterprise Value	75
5.11	Enterprise Value / EBIT	76
5.12	Enterprise Value / EBITDA	77
5.13	Ergebnis je Aktie nach DVFA/SG	78
5.14	Nettoverschuldung	79

6. Cash Flow Kennzahlen

6.1	Cash Flow aus laufender Geschäftstätigkeit	82
6.2	Cash Flow aus Investitionstätigkeit	83
6.3	Cash Flow aus Finanzierungstätigkeit	84
6.4	Free Cash Flow	85
6.5	Cash Flow (direkt)	86

Kapitel 1

Beispiel Jahresabschluss

1.1 Bilanz

in Mio. €

BILANZ	Jahr 2	Jahr 1
Anlagevermögen	**17.500**	**17.430**
Sachanlagen	11.700	11.550
Immaterielle Vermögensgegenstände	4.350	4.650
Finanzanlagen	1.450	1.230
Umlaufvermögen	**12.260**	**11.972**
Vorräte	3.490	2.995
Forderungen aus L&L	5.735	6.100
Sonstige kurzfristige Vermögensgegenstände	1.615	1.265
Wertpapiere	1.100	1.500
Liquide Mittel	320	112
Aktive Rechnungsabgrenzung	**130**	**78**
Latente Steueransprüche	**50**	**150**
Summe Aktiva	**29.940**	**29.630**
Eigenkapital	**11.910**	**10.936**
Gezeichnetes Kapital	2.500	2.500
Kapitalrücklagen	3.889	3.490
Gewinnrücklagen	4.481	4.712
Jahresüberschuss/-fehlbetrag	950	144
Minderheiten	90	90
Verbindlichkeiten	**13.400**	**14.235**
Finanzverbindlichkeiten	8.200	8.650
Verbindlichkeiten aus L&L	2.770	2.925
Sonstige kurzfristige Verbindlichkeiten	2.430	2.660
Rückstellungen	**3.990**	**3.985**
Pensionsrückstellungen	2.860	2.715
Sonstige Rückstellungen	1.130	1.270
Passive Rechnungsabgrenzung	**525**	**414**
Latente Steuerschulden	**115**	**60**
Summe Passiva	**29.940**	**29.630**

1.2 Gewinn- und Verlustrechnung

in Mio. €

GEWINN- UND VERLUSTRECHNUNG	Jahr 2	Jahr 1
Umsatzerlöse	**18.400**	**18.170**
+ Sonstige betriebliche Erträge	320	220
− Materialaufwand	6.470	6.660
− Personalaufwand	6.220	6.310
− Vertriebs- und Marketingaufwand	1.520	1.712
− Allgemeine Verwaltungskosten	1.180	1.200
− Abschreibungen	980	1.110
davon Abschreibungen auf Goodwill	300	300
− Sonstige betriebliche Aufwendungen	655	702
= Ergebnis vor Zinsen und Steuern (EBIT)	**1.695**	**696**
+ Beteiligungsergebnis	75	58
+ Zinsergebnis	-320	344
+ Außerordentliches Ergebnis	-88	-11
= Ergebnis vor Steuern (EBT)	**1.362**	**399**
− Steuern	412	255
= Jahresüberschuss	**950**	**144**

1.3 Cash Flow Statement

in Mio. €

CASH FLOW STATEMENT	Jahr 2	Jahr 1
Jahresüberschuss / Jahresfehlbetrag	**950**	**144**
Abschreibungen (+) / Zuschreibungen (-) auf Gegenstände des Anlagevermögens	980	1.110
Zunahme (+) / Abnahme (-) der Rückstellungen	5	-450
Sonstige zahlungsunwirksame Aufwendungen (+) oder Erträge (-)	0	0
Gewinn (-) / Verlust (+) aus dem Abgang von Gegenständen des Anlagevermögens	0	0
Zunahme (-) / Abnahme (+) der Vorräte, der Forderungen aus Lieferungen und Leistungen, sowie anderer Aktiva, die nicht der Investitions- oder Finanzierungstätigkeit zuzuordnen sind	-32	-342
Zunahme (+) / Abnahme (-) der Verbindlichkeiten aus Lieferungen und Leistungen sowie anderer Passiva, die nicht der Investitions- oder Finanzierungstätigkeit zuzuordnen sind	-219	-135
Ein- (+) und Auszahlungen (-) aus außerordentlichen Posten	0	0
= Cash Flow aus laufender Geschäftstätigkeit	**1.684**	**327**
+ Einzahlungen aus Abgängen von Vermögensgegenständen des Anlagevermögens	0	0
− Auszahlungen für Investitionen in das Finanzanlagevermögen	-220	-257
− Auszahlungen für Investitionen in das Sachanlagevermögen	-830	-138
= Cash Flow aus Investitionstätigkeit	**-1.050**	**-395**

1.3 Cash Flow Statement

in Mio. €

ÜBERTRAG:	Jahr 2	Jahr 1
Cash Flow aus laufender Geschäftstätigkeit	**1.684**	**327**
Cash Flow aus Investitionstätigkeit	**-1.050**	**-395**
+ Einzahlungen aus Eigenkapitalzuführungen (z.B. Kapitalerhöhungen, Verkauf eig. Anteile)	399	240
− Auszahlungen an Unternehmenseigner und Minderheitsgesellschafter (Dividenden, Erwerb eigener Anteile, Eigenkapitalrückzahlungen, andere Ausschüttungen)	-375	0
+ Einzahlungen aus der Begebung von Anleihen und aus der Aufnahme von (Finanz-)Krediten	0	0
− Auszahlungen für die Tilgung von Anleihen und (Finanz-)Krediten	-450	-120
= Cash Flow aus Finanzierungstätigkeit	**-426**	**-120**
= Zahlungswirksame Veränderungen des Finanzmittelfonds	**208**	**52**
Wechselkurs- und bewertungsbedingte Änderungen (+/-) des Finanzmittelfonds	0	0
+ Finanzmittelfonds am Anfang der Periode	112	60
= Finanzmittelfonds am Ende der Periode	**320**	**112**

1.4 Zusatzinformationen

Position	Wert
Ausstehende Stammaktien	2.000 Mio. Stück
Ausstehende Vorzugsaktien	500 Mio. Stück
Aktueller Aktienkurs der Stammaktie	8,50 €
Aktueller Aktienkurs der Vorzugsaktie	8,90 €
Nennwert je Aktie	1,00 €
Dividende je Stamm- und Vorzugsaktie	0,15 €
Erwartete durchschnittliche Gewinnwachstumsrate (über 5 Jahre)	10,0%
Unternehmensrating	BBB (Spread 1,04%)
Marktkapitalisierung der Finanzanlagen (Buchwert: 1.450 Mio €.)	2.500 Mio. €
Investiertes Kapital (Jahr 1)	24.200 Mio. €
Kumulierte Abschreibungen des Anlagevermögens (Jahr 1)	8.220 Mio. €
davon auf Sachanlagen	6.720 Mio. €
davon auf Goodwill	1.500 Mio. €
Forschungs- und Entwicklungskosten (jeweils Jahr 1 und Jahr 2)	820 Mio. €
Risikofreier Zinssatz	4,50%
Marktrisikoprämie	3,50%

Kapitel 2

Einleitung Unternehmensbewertung

2.1 Anlässe der Unternehmensbewertung

Die quantitative und qualitative Bewertung eines Unternehmens ist in der heutigen Zeit ein tagtäglicher Prozess, der von unterschiedlichsten Standpunkten aus und mittels verschiedenster Methoden bewerkstelligt wird. Zu den wichtigsten Anlässen, zu denen in der Praxis Unternehmensbewertungen durchgeführt werden, zählen unter anderem:

- Börsengang eines Unternehmens
- Kapitalerhöhungen
- Fundamentales Aktienresearch als Grundlage von Kauf- oder Verkaufsstudien
- Investitionen von Kapitalanlagegesellschaften
- Übernahmen und Fusionen (M&A)
- Beteiligungscontrolling
- Strategische Unternehmenssteuerung
- Private Equity Transaktionen (z.B. Buy-Outs)
- Finanzierungsrunden von Venture Capital finanzierten Unternehmen
- Erbteilungen
- Grundlage für Vergütungssysteme des Managements
- Aufnahme oder das Ausscheiden von Gesellschaftern

In der Vergangenheit hat sich eine Vielzahl unterschiedlicher Methoden zur Berechnung einer »fairen Bewertung« eines Unternehmens herausgebildet. Die gängigsten Methoden werden in diesem Handbuch kurz und prägnant dargestellt. Doch egal welche Methode man verwendet, ein wirklich »richtiger« Wert ist objektiv kaum zu ermitteln. Dieser basiert zumeist auf Erwartungen bzw. Prognosen sowie den aktuellen Marktverhältnissen. Schließlich gibt es bei jedem Unternehmensverkauf auch immer einen Käufer, der oftmals in Bezug auf einen zu entrichtenden Preis andere Interessen verfolgt als sein Gegenüber. Dies äußert sich z.B. in Form von unterschiedlichen Kapitalkosten auf Basis der jeweiligen Kapitalstruktur oder aber unterschiedlichen Steuersätzen. Zu beachten ist insbesondere auch, dass eine Unternehmensbewertung immer nur so gut sein kann, wie die vorangegangene Markt- und Unternehmensanalyse (Due Diligence). Der Bewertungsprozess ist folglich eine notwendige Voraussetzung für eine Investitionsentscheidung. Jedoch ist er immer nur ein Richtwert, der gleichzeitig als Grundlage möglicher Verhandlungen dient.

2.2 Checkliste kritischer Faktoren

In den Bewertungsprozess fließen eine Vielzahl von Überlegungen ein, um einen möglichst realistischen Unternehmenswert abzuleiten. Die folgende (nicht abschließende) Auflistung vermittelt einen Eindruck, welche Fragen in diesem Zusammenhang geklärt werden sollten:

- Welche und wie viele Verfahren werden für die Unternehmensbewertung verwendet?
- Auf welchem Marktszenario basiert die Unternehmensbewertung?
- Wer führt die Unternehmensbewertung durch und welche Interessenverfolgt diese Person oder Gesellschaft?
- Sind zukünftige, mögliche vertragliche Verpflichtungen, wie z.B. Zahlungsversprechungen, in der Bewertung berücksichtigt?
- Spiegelt sich das unternehmerische Risiko in der Wahl des Abzinsungsfaktors wider?
- Fliessen nicht-bilanzierte Investitionen, wie z.B. Forschungs- und Entwicklungsaufwendungen oder Leasing in die Bewertung ein?
- Hat die vorhergehende Due Diligence zu keinen Unregelmäßigkeiten geführt bzw. wurde ggf. ein adäquater Risikoabschlag berücksichtigt?
- Passt die zukünftige Unternehmensplanung und Unternehmensstrategie zu den Markterwartungen?
- Inwiefern fließen die resultierenden Synergien einer Übernahme in die Bewertung ein?
- Berücksichtigt die Bewertung Handlungsalternativen des Managements?
- Werden nicht bilanzierte Vermögensgegenstände, wie z.B. Marken, Lizenzen, Patente, Kundenstamm oder Image in den Bewertungsprozess einbezogen?
- Ist das Unternehmen im Verhältnis zu vergleichbaren Wettbewerbern adäquat bewertet?
- Ist die Unternehmensbewertung unabhängig von nationalen Rechnungslegungsvorschriften durchgeführt worden?
- Sind weiche Faktoren, wie z.B. Know how der Mitarbeiter oder Managementkompetenz als Argumente für Preisverhandlungen berücksichtigt?

Kapitel 3

Der Kapitalisierungszins

3.1 Einleitung

Die heute gängigen und weit verbreiteten Bewertungsmethoden (z.B. Ertragswertverfahren oder Discounted Cash Flow-Methode) legen für die Ermittlung eines Unternehmenswerts die zukünftigen Erträge, Cash Flows oder Dividenden, die an potentielle Investoren ausgeschüttet werden können, als Ausgangspunkt zugrunde. Die Vergangenheit bzw. Gegenwart spielt daher in den meisten Ansätzen eine untergeordnete Rolle. Diese Verfahren gleichen der klassischen Investitionsrechnung, bei der zukünftige Erträge auf den aktuellen Zeitpunkt diskontiert und summiert werden und somit die Ausgangsbasis für einen Unternehmenswert bilden.

Wie in der Investitionsrechnung auch, muss für eine risikogerechte Betrachtung ein Abzinsungsfaktor gewählt werden. Dies kann z.B. die Rendite einer Alternativinvestition sein, denn Unternehmen zu bewerten, heißt auch immer Unternehmen bzw. Investitionen miteinander zu vergleichen. Da der Abzinsungsfaktor im Nenner eines Bewertungsmodells steht, hat dieser erheblichen Einfluss auf die spätere Bewertung. Folglich ist es z.B. in Verhandlungen über Transaktionen immer wichtiger, über den Abzinsungsfaktor zu diskutieren als etwa über den Ertrag in einem bestimmten Jahr, da der Verhandlungserfolg in ersterem Punkt bei der Bewertung deutlich stärker ins Gewicht fällt. Dieses Wissen kann daher bares Geld wert sein!

Bei der Wahl des Diskontierungsfaktors ist zu unterscheiden, ob ein Unternehmen ausschließlich aus Sicht der Eigenkapitalgeber oder aus Sicht aller Kapitalgeber (also auch Gläubiger) bewertet werden soll. Während Fremdkapital zu Kreditkonditionen in Abhängigkeit der Bonität vergeben wird, sind die Renditeforderungen der Eigentümer deutlich höher. Schließlich suchen diese i.d.R. die höchstmögliche Rendite bei möglichst geringem Risiko. In der Praxis hat sich für die Ermittlung der Eigenkapitalkosten das Capital Asset Pricing Model (CAPM) durchgesetzt. Hierbei ermittelt sich der Opportunitätszins aus einem risikofreien Zins, in der Regel eine 10-jährige Staatsanleihe höchster Bonität (z.B. eine Bundesanleihe) sowie einem adäquaten Risikozuschlag. Dieser wiederum berechnet sich aus einer subjektiven Risikoprämie multipliziert mit dem sog. Beta, das die Schwankungsbreite eines Wertes bzw. einer Branche mit berücksichtigt. Aus Sicht aller Kapitalgeber stellt der gewichtete Kapitalkostensatz (Weighted Average Cost of Capital – WACC) unter Berücksichtigung der steuerlichen Abzugsfähigkeit von Fremdkapitalzinsen den in der Praxis üblichen Standard dar. Wie sich einzelne Kapitalkosten berechnen und worin deren Vor- und Nachteile liegen, ist auf den folgenden Seiten erläutert.

3.2 Beta

Formel

$$\frac{\text{Kovarianz der Aktie A zum Vergleichswert V}}{(\text{Varianz des Vergleichswerts V})^2}$$

Beispiel

Aus Vereinfachungsgründen wird an dieser Stelle auf ein Rechenbeispiel verzichtet. Zudem existieren verschiedene Möglichkeiten, das Beta zu berechnen (z.B. Barra Beta). Für die folgenden Rechenbeispiele wird ein Beta von 1,1 unterstellt.

Erläuterung

Das Beta misst die Schwankungsintensität (Volatilität) einer Aktie im Vergleich zu einem Index über einen definierten Zeitraum. Bei einem Beta von 1,1 würde sich der Wert einer Aktie um 11% erhöhen (sprich um den Faktor 1,1), sofern der Index um 10% steigt. Gleiches gilt entsprechend, sofern der Index fällt.
Je höher das Beta eines Unternehmens ist, desto höher ist folglich die Volatilität und damit das Risiko für einen Investor. Die Höhe des Betas kann durchaus vom Unternehmen aktiv beeinflusst werden, etwa in Form von zeitnaher und transparenter Information. Das Beta wiederum hat große Bedeutung für die Berechnung der Eigenkapitalkosten oder auch Optionsprämien. Je höher die Kapitalkosten (vgl. WACC Seite 27) eines Unternehmens sind, desto niedriger ist z.B. nach dem DCF-Modell der Unternehmenswert.

Vorteile	Nachteile
• Kann als Risikomaßstab verwendet werden • Das Beta wird häufig als Grundlage zur Berechnung der Eigenkapitalkosten genutzt	• Vergangenheitsbezogen • Kann im Zeitverlauf stark schwanken • Ist abhängig vom gewählten Zeithorizont • Für nicht-börsennotierte Unternehmen nur schwer anzuwenden (Branche gilt i.d.R. als Anhaltspunkt)

3.3 Eigenkapitalkosten (CAPM)

Formel

Risikofreier Zinssatz + (Marktrisikoprämie × Beta)

Beispiel

4,5% + 3,5% × 1,1 = **8,35%**

Erläuterung

Die Eigenkapitalkosten eines Unternehmens entsprechen den Renditeforderungen der Kapitalgeber bzgl. ihrer Einlagen. Mit anderen Worten sind die (kalkulatorischen) Kosten, die einem Unternehmen bezüglich des Eigenkapitals mindestens entstehen, gleichbedeutend mit den Erwartungen eines Aktionärs bezüglich der Kursentwicklung. Bei der portfolioorientierten Aktienanalyse wird davon ausgegangen, dass die Wertentwicklungen von Aktien in bestimmter Weise zusammenhängen. Bei den sog. Ein-Faktoren-Modellen wird unter der Berücksichtigung des Risikos die zu erwartende Mindestrendite über genau einen Faktor, nämlich den des Marktportfolios (z.B. Aktienindex), erklärt. Das Capital Asset Pricing Model (CAPM), als zentrales Element der modernen Portfoliotheorie, bietet zur Beantwortung der Frage, welches Risikomaß bei der Bestimmung der Rendite ausschlaggebend ist, den Betafaktor an. Bei der Ermittlung der Rendite durch das CAPM nach der oben genannten Formel werden in der Regel langfristige Staatsanleihen als risikofreier Zinssatz zugrundegelegt (z.B. 10-jährige Staatsanleihen). Die Marktrisikoprämie ist die zu erwartende Rendite des Marktportfolios abzüglich des risikofreien Zinssatzes. Da die historische, langfristige Aktienrendite ca. 8% beträgt, und der risikofreie Zinssatz aktuell bei ca. 4,5% notiert, entspricht die durchschnittliche Marktrisikoprämie ca. 3,5%.

Vorteile	Nachteile
• Findet häufig Verwendung bei der Unternehmensbewertung	• Ein-Faktoren-Modell
• Komponenten sind einfach zu erklären	• Grundlage der Berechnung (Index) für die Marktrisikoprämie uneinheitlich
• Dient als Komponente zur Ermittlung der Gesamtkapitalkosten	• Beta ist vergangenheitsorientiert
	• Beta stark abhängig von zugrundezulegendem Zeitraum

3.4 Eigenkapitalkosten (Mehrfaktorenmodell)

Formel

$$E + (\beta_1 F_1) + (\beta_2 F_2) + (\beta_n F_n)$$

wobei:
F = Faktorbetas: Faktoren, die die Bewegung aller Aktien beeinflussen
β_n = Sensitivität der Aktie, wenn sich der Faktor F_n verändert
n = Anzahl der Faktoren
E = Restgröße, die nicht durch einzelne Faktoren erklärt werden kann.

Erläuterung

Eine weitere Methode zur Bestimmung der Mindestrendite eines Investors (und damit der Eigenkapitalkosten) ist neben dem Ein-Faktoren-Modell das Mehrfaktorenmodell. Hierbei geht es darum, das systematische Risiko weiter zu unterteilen. Es ist hierbei notwendig, diejenigen Faktoren (F) zu ermitteln, die die Kursentwicklung aller Aktien beeinflusst. Somit kann die stochastische Abhängigkeit zwischen allen Wertpapieren auf eine gemeinsame Korrelation mit n Faktoren zurückgeführt werden (z.B. Reaktion der Automobilaktien auf Veränderungen des Ölpreises). Der Bestandteil »E« stellt denjenigen Term dar, der die Resteinflussgrößen zusammenfasst. Man unterscheidet im groben zwischen drei Arten der Mehrfaktorenmodelle:

a) Statistische Faktorenmodelle: hier erfolgt die Anwendung rein statistischer Verfahren auf vorliegenden Renditedaten aller Wertpapiere.
b) Makroökonomische Faktorenmodelle: hier werden makroökonomische Faktoren wie Zinsen oder Inflationsraten zugrunde gelegt.
c) Mikroökonomische Faktorenmodelle: es werden Kennzahlen konstruiert, die auf Unternehmenscharakteristika zurückzuführen sind (z.B. Größe, Verschuldungsgrad).

Vorteile	Nachteile
• Versuch einer ganzheitlichen Betrachtung, dadurch Berücksichtigung einer Vielzahl von Faktoren • Verknüpfung von Unternehmensdaten und Makrodaten möglich	• Bestimmung der Einflussgrößen schwierig • Sehr aufwändige Datenermittlung für eine Vielzahl von Einflussfaktoren

3.5 Fremdkapitalkosten

Formel

$$(\text{Risikofreier Zinssatz} + \text{Corporate Bond Spread}) \times (1 - \text{Steuerquote})$$

oder (sofern kein Rating vorhanden ist)

$$\frac{\sum (\text{Kreditsumme} \times \text{Zinssatz})}{\sum \text{Gesamtkredite}} \times (1 - \text{Steuerquote})$$

Beispiel

$$(4{,}5\% + 1{,}04\%) \times \left(1 - \frac{412}{1.362}\right) = \mathbf{3{,}86\%}$$

Erläuterung

Für die Berechnung der Fremdkapitalkosten gibt es zwei Ansätze:
Sofern ein Unternehmen ein Rating besitzt, addieren Analysten für die Errechnung der Fremdkapitalkosten den risikofreien Zinssatz (im Euroraum i.d.R. 10 Year Government Bond Euroland) plus den Corporate Bond Spread (Risikozuschlag für Unternehmensanleihen), der sich aus dem Rating ableitet und sich in Abhängigkeit des Marktumfelds täglich verändert. Dieses Verfahren zeigt das obere Rechenbeispiel.
Bei dem zweiten Ansatz werden die effektiven Kreditkosten ermittelt: Hierfür werden die einzelnen Kreditsummen mit dem jeweiligen Zinssatz multipliziert und durch die Gesamtkreditsumme geteilt. Hieraus ergibt sich der gewichtete Fremdkapitalkostensatz. Zu beachten ist bei beiden Rechenwegen der Steuereffekt, engl. Tax Shield (Fremdkapitalkosten sind gewinnmindernd und damit steuerentlastend).

Vorteile	Nachteile
• Steuereffekt findet Berücksichtigung	• Für Externe schwer zu ermitteln, sofern kein Rating vorhanden ist
• Kann als Bestandteil zur Berechnung der Gesamtkosten dienen	• Die jeweiligen Zinssätze der einzelnen Kreditsummen sind für Externe nicht verfügbar
• Die tatsächlichen Fremdkapitalkosten finden Berücksichtigung	• Finanzrisiko des Unternehmens spiegelt sich nur sehr ungenau in dieser Zahl wider, sofern kein Rating besteht

3.6 Gewichteter Kapitalkostensatz (WACC)

Formel

$$\left(\frac{\text{Eigenkapital}}{\text{Gesamtkapital}} \times \text{Eigenkapitalkosten} \right)$$
$$+ \left(\frac{\text{Fremdkapital}}{\text{Gesamtkapital}} \times \text{Fremdkapitalkosten} \right)$$

Beispiel

$$\left(\frac{11.910}{11.910 + 8.200 + 2.430} \times 8{,}35\% \right)$$
$$+ \left(\frac{8.200 + 2.430}{11.910 + 8.200 + 2.430} \times 3{,}86\% \right) = \mathbf{6{,}23\%}$$

Erläuterung

Der gewichtete Kapitalkostensatz WACC (Weighted Average Cost of Capital) ist der am Kapitalmarkt meist verbreitete Abzinsungsfaktor für die Berechnung des Unternehmenswertes. Für die richtige Gewichtung der Kapitalkosten wird üblicherweise nur das zinstragende Fremdkapital (d.h. keine Rückstellungen) und das bilanzielle Eigenkapital (alternativ: die Marktkapitalisierung) verwendet.

Sowohl im Discounted Cash Flow Verfahren als auch im EVA-Modell hat der WACC wesentlichen Einfluss auf die Unternehmensbewertung. Gewöhnlich liegt der Kapitalkostensatz WACC zwischen 5 und 10%, je nach Kapitalstruktur und Branchenzugehörigkeit. Bei Wachstumsunternehmen kann aufgrund der höheren Risikoprämie der WACC auch 10% übersteigen. Die Zielsetzung eines Unternehmens sollte stets sein, auf das investierte Kapital zumindest mittelfristig eine Rendite zu erwirtschaften, die den WACC übersteigt.

Vorteile	Nachteile
• Dient als Abzinsungsfaktor für die Unternehmensbewertung	• Vergangenheitsorientierte Kennzahl
• Stellt eine Mindestrendite auf das investierte Kapital (vgl. ROIC) dar	• Keine einheitliche Berechnung
• Überkommt Nachteile, die mit der alleinigen Betrachtung von Zinsaufwendungen (in der Gewinn- und Verlustrechnung) einhergehen	• Häufig manipulierte Kennzahl

3.7 Opportunitätszins

Formel

Investition kann erfolgen, falls $i_a > i_o$
wobei:
i = Zins
a = Betrachtete Investitionsmöglichkeit
o = Alternative Investitionsmöglichkeit

Beispiel

Rendite a: 8,8%, Rendite o: 8,5%
Folge: Investition in Alternative a, sofern gleiches Risiko besteht

Erläuterung

Grundlegender Gedanke der Bezeichnung Opportunitätszins ist, dass es Entscheidungssituationen mit mehr als einer Alternative gibt.
Der Opportunitätszins ist dabei der entgangene Nutzen bei der Entscheidung für eine Alternative 1 gegenüber der Alternative 2. Eine Investition rechnet sich dann, wenn der Opportunitätszins niedriger ist als der Zins der gewählten Alternative.
Die Festlegung der Entscheidungsalternativen kann in horizontaler und vertikaler Weise erfolgen. Zum einen kann die Opportunität eine andere Aktie sein, anderseits könnte auch eine beliebige andere Anlageform herangezogen werden. Die Auswahl der Opportunität hängt von der konkreten Situation ab: steht die Anlageform durch eine Vorauswahl schon fest, beispielsweise Aktien, sollten eben nur Aktien (evtl. sogar nur Blue Chips) als Opportunitäten gewählt werden. Geht es aber um die grundsätzliche Vermögensanlage, könnte der Opportunitätszins zur Anlage in Aktien, der Zins von Rentenpapieren oder auch einer Immobilie sein.

Vorteile	Nachteile
• Leichte Anwendung • Schnelle Ermittlung • Für Privatinvestoren geeignet	• Vergangenheitsorientierte Kennzahl • Keine einheitliche Berechnung • Häufig manipulierte Kennzahl

Kapitel 4

Methoden der
Unternehmensbewertung

4.1 Substanzwertverfahren

Erläuterung

Der Substanzwert eines Unternehmens spiegelt den Wert wider, der für eine identische Reproduktion des Unternehmens im Falle der Fortführung (Going Concern) zu entrichten wäre. Er ermittelt sich im Wesentlichen aus der Bilanz des Unternehmens, indem zunächst alle betriebsnotwendigen Aktiva zu Marktpreisen bewertet und summiert werden. Hiervon abgezogen werden die Marktwerte des Fremdkapitals. Nicht-betriebsnotwendiges Vermögen (z.B. Wertpapiere des Umlaufvermögens) wird zu Liquidationspreisen bewertet und erhöht den Substanzwert. Werden für die Ermittlung des Substanzwerts nur die materiellen Positionen herangezogen, so spricht man auch vom Teilreproduktionswert eines Unternehmens. Der Vollreproduktionswert wird errechnet, in dem auch immaterielle Werte eines Unternehmens bewertet und hinzuaddiert werden. Hierzu zählen z.B. Goodwill, selbst erstellte Patente, Markenwert, Managementqualität oder Kundenstamm.

Der Substanzwert soll letztlich eine Untergrenze für den Wert eines Unternehmens darstellen, jedoch gestaltet sich die Ermittlung in der Praxis als sehr schwierig. So können Wiederbeschaffungspreise der einzelnen Aktiva meist nur geschätzt werden, und auch das Zusammenspiel der einzelnen Vermögensteile (z.B. die Ertragskraft eines Patents in Verbindung mit einer starken Marktposition) kommt bei diesem Verfahren zu kurz. Das Substanzwertverfahren bewertet nur die Gegenwart, nicht aber zukünftiges Potential.

Vorteile	Nachteile
• Weniger aufwändig als die Ermittlung zukünftiger Ertrags- oder Cash Flow-Größen • Dient als Annäherungswert und mögliche Wertuntergrenze • »Konservative« Wertermittlung mit Fokus auf betriebsnotwendigem Vermögen • Ergebnis ist die Summe der Kosten, die für eine Neuerstellung notwendig wären	• Keine Berücksichtigung des zukünftigen Wachstumspotentials oder von Zahlungsströmen • Keine Aussage zur Rentabilität einer möglichen Investition • Aktuelle Marktpreise bei komplexeren Unternehmen kaum zu ermitteln, daher häufige Fehlerquelle • Ansatz der »Reproduktion« fragwürdig

4.1 Substanzwertverfahren

Formel

> Σ Wiederbeschaffungspreise des betriebsnotwendigen Vermögens
> − Fremdkapital zu Nominalwerten
> + Liquidationswerte des nicht-betriebsnotwendigen Vermögens
>
> = **Substanzwert**

Beispiel (Vollreproduktionswert)

Unter Berücksichtigung der Beispielbilanz seien folgende Annahmen getroffen:

Aufgedeckte stille Reserven:

Sachanlagen:	+ 5.000
Immaterielle Vermögensgegenstände:	+ 3.190
Vorräte:	+ 2.000
Wertpapiere des nicht-betriebsnotw. Vermögens:	+ 1.400

Berechnung:

Summe der Buchwerte (Aktiva 2002)	28.840
+ Stille Reserven	10.190
− Fremdkapital	18.030
+ Nicht-betriebsnotwendiges Vermögen	2.500
= **Substanzwert**	**23.500**

4.2 Liquidationswertverfahren

Erläuterung

Der Liquidationswert eines Unternehmens kann im Falle der Geschäftsaufgabe oder bei Sanierungsfällen zu Hilfe genommen werden. Anders als beim Substanzwert entscheiden hier weniger die Buchwerte in den Bilanzen, sondern letztlich der (fiktive) Preis, den potentielle Käufer bereit sind, für Vermögensgegenstände des Unternehmens zu bezahlen. Hier gilt in der Regel, dass ein möglicher Veräußerungserlös umso niedriger ausfällt, je kürzer der Zeitraum (i.d.R. ermittelt sich der Liquidationswert über drei Jahre) für die Liquidation ist. Von der Summe der Liquidationswerte aller Vermögensgegenstände wird dann das Fremdkapital zu Nominalwerten sowie mögliche Kosten, die mit der Zerschlagung eines Unternehmens entstehen, abgezogen. Dies ergibt dann den Liquidationswert.

Der Liquidationswert stellt in den allermeisten Fällen die absolute Wertuntergrenze eines Unternehmens dar. Sollte jedoch der Börsenwert eines notierten Unternehmens aufgrund schlechter Ertragslage sogar unter dem fiktiven Liquidationswert liegen, so ist die Geschäftsaufgabe durchaus eine strategische Option. Das somit freiwerdende Kapital kann danach in renditeträchtigere Bereiche investiert werden. Jedoch bringt auch der Liquidationswert nicht zu Tage, welches Potential sich im Zusammenspiel einzelner Vermögensposten verbirgt.

Vorteile	Nachteile
• In der Regel absolute Wertuntergrenze eines Unternehmens	• Keine Berücksichtigung zukünftiger Unternehmensentwicklung
• Einfache Berechnung, sofern sich fiktive Marktpreise ermitteln lassen	• Liquidationswert von Transaktionsdauer beeinflusst
• Für Banken im Firmenkundengeschäft geeignet, um den Wert der Sicherheiten von Bankkrediten im Sanierungsfall zu prüfen	• Synergieeffekte bleiben ggf. unberücksichtigt
• Dient als Kontrollgröße	• Je größer ein Unternehmen, desto schwieriger umzusetzen, da jede einzelne Position zu Liquidationswerten zu bewerten ist

4.2 Liquidationswertverfahren

Formel

> Σ Veräußerungspreise aller Vermögensgegenstände
> − Fremdkapital zu Nominalwerten
> − Kosten der Liquidation
>
> = **Liquidationswert**

Beispiel

Unter Berücksichtigung der Beispielbilanz seien folgende Annahmen getroffen:

- Stille Reserven:
  Wertpapiere des nicht-betriebsnotw. Vermögens: + 1.400

- Alle anderen Vermögensgegenstände, einschließlich immaterieller Vermögensgegenstände werden zu 80% des Buchwerts veräußert.

- Kosten der Liquidation: 100

- Da mit Geschäftsaufgabe nicht alle Verträge sofort gekündigt werden können, entstehen fixe Aufwendungen von 106.

Berechnung:

Summe der Buchwerte (Aktiva 2003):	22.816 (= 28.520 × 0,8)
+ Wertpapiere inkl. stiller Reserven	2.500
+ Liquide Mittel	320
− Fremdkapital	18.030
− Kosten der Liquidation	100
− Weitere fixe Aufwendungen	106
= **Liquidationswert**	**7.400**

4.3 Ertragswertverfahren

Erläuterung

Der Ertragswert berücksichtigt im Gegensatz zum Substanzwert das zukünftige Wachstum eines Unternehmens. Hierbei lehnt sich das Verfahren an die Investitionsrechnung an, indem zukünftige, nachhaltige Gewinne (Erträge) zunächst für einen bestimmten Planungszeitraum geschätzt werden. Diese Erträge werden mit einem Zinssatz (vgl. z.B. Opportunitätszins) abdiskontiert und kapitalisiert. Hinzu gerechnet wird eine ewige Rente, die einer konstanten Ausschüttung an die Inhaber des Unternehmens gleichkommt. Hierfür wird in der Regel der Gewinn des letzten Jahres der Planungsperiode herangezogen. Die Planungsperiode dauert in der Regel drei bis fünf Jahre und ergibt sich aus dem Businessplan eines Unternehmens. Ggf. kann danach eine zweite Phase von nochmals drei bis fünf Jahren folgen, in der ein konstantes Wachstum unterstellt wird, bevor dann die ewige Rente errechnet wird.

In der Praxis haben sich unterschiedliche Definitionen des Ertragsbegriffes herausgebildet. So kann es sich um den klassischen Jahresüberschuss handeln, der sich aus der Rechnungslegung ergibt. Andererseits kann der Ertrag aber auch investitionstheoretischen Charakter haben, d.h. er ist bereinigt und damit zahlungsstromorientiert, was ihn an den Cash Flow-Begriff annähert (vgl. EBITDA), jedoch immer noch bilanzpolitisch beeinflusst. Das Ertragswertverfahren ist zusammen mit dem Discounted Cash Flow-Verfahren die in Deutschland am weitest verbreitete Unternehmensbewertungsmethode.

Vorteile	Nachteile
• Zukünftige Unternehmensentwicklung findet Berücksichtigung • In Deutschland weit verbreitete Methode • Findet Anlehnung an Investitionsrechnung und vertritt damit Sichtweise eines Investors • Going Concern-Prinzip (Fortbestand des Unternehmens) findet Berücksichtigung	• Diskontierungszins nicht eindeutig definiert, daher starke Schwankungen im Unternehmenswert möglich • Gewinn ist die am meisten von der Rechnungslegung manipulierte Größe • Gewinn entspricht nicht gleich der Ausschüttung an die Aktionäre/Inhaber • Restwert hat nachhaltigen Einfluss auf den Unternehmenswert

4.3 Ertragswertverfahren

Formel

$$\sum_{t=1}^{n} \frac{\text{Jahresabschluss}_t}{(1+i)^t} + \frac{\text{Restwert}_n}{(1+i)^n}$$

Beispiel

Unter Berücksichtigung des beispielhaften Jahresabschlusses werden folgende Annahmen für das 3-Phasen Modell getroffen:

Phase 1:

    Gewinn t+1: 1.000
    Gewinn t+2: 1.080
    Gewinn t+3: 1.200

Phase 2:

    Gewinnwachstum t+4 bis t+6: 10%

Phase 3:

    Kein Gewinnwachstum
    Kapitalisierungszins: 7%

Phase 1: $\dfrac{1.000}{(1+0,07)^1} + \dfrac{1.080}{(1+0,07)^2} + \dfrac{1.200}{(1+0,07)^3} =$ 2.857

+

Phase 2: $\dfrac{1.320}{(1+0,07)^4} + \dfrac{1.452}{(1+0,07)^5} + \dfrac{1.597}{(1+0,07)^6} =$ 3.106

+

Restwert: $\dfrac{\frac{1.597}{0,07}}{(1+0,07)^6} =$ 15.202

                                   = **21.165**

4.4 Mittelwertverfahren

Erläuterung

Das Mittelwertverfahren (in der Literatur auch Praktikerverfahren genannt) versucht, das Substanzwertverfahren und Ertragswertverfahren miteinander zu kombinieren. Somit werden vergangenheits- und gegenwartsorientierte Aspekte (Substanzwert) mit den Zukunftsperspektiven (Ertragswert) verknüpft.

Der Einsatz kann beispielsweise sinnvoll sein, wenn ein Unternehmen in der Vergangenheit gute Gewinne erwirtschaftet hat, aber aufgrund von Marktveränderungen Restrukturierungen und Investitionen tätigen muss, die im Planungshorizont der nächsten drei Jahre zu einem sehr niedrigen oder gar negativen Ertragswert führen. Das Verfahren ist heute nur noch selten im Einsatz und findet eher bei kleinen mittelständischen Betrieben Anwendung. Im einfachsten Falle wird das arithmetische Mittel der beiden Methoden als fairer Unternehmenswert angesetzt. Jedoch ist die Gewichtung der einzelnen Methode abhängig vom notwendigen Betriebsmitteleinsatz zur Erbringung der operativen Leistung. So ist die Gewichtung zwischen Substanz und Ertragswert offensichtlich unterschiedlich, je nachdem ob es sich bei dem zu bewertenden Unternehmen um eine Immobiliengesellschaft (hoher Substanzwert) oder ein Softwareunternehmen (i.d.R. kaum Substanzwert) handelt. Letztlich ist der Gewichtungsfaktor der einzelnen Verfahren aber Verhandlungssache der beiden Vertragsparteien.

Vorteile	Nachteile
• Pragmatischer Ansatz, um die einzelnen Nachteile einer isolierten Bewertung abzuschwächen • Kompromiss zwischen dem eher »sicheren« Substanzwert und dem »unsicheren« Ertragswert	• Kein objektiver Unternehmenswert • Wert wird maßgeblich vom gewählten Gewichtungsfaktor beeinflusst • Nachteile von Substanzwert- und Ertragswertverfahren bleiben bestehen

4.4 Mittelwertverfahren

Formel

>   Faktor × Ertragswert
> + Faktor × Substanzwert
>
> = **Mittelwert**

Beispiel

Unter Berücksichtigung der vorher berechneten Ergebnisse aus

Substanzwert = 23.500 und
Ertragswert = 21.165

wird einmal der Unternehmenswert als arithmetisches Mittel und einmal unter der Prämisse, dass Ertragswert und Substanzwert im Verhältnis 3:1 in die Bewertung eingehen, berechnet:

1. Arithmetisches Mittel:

$$\frac{23.500 + 21.165}{2} = \mathbf{22.333}$$

2. Gewichteter Unternehmenswert:

$$(0{,}25 \times 23.500) + (0{,}75 \times 21.165) = 5.875 + 15.874 = \mathbf{21.749}$$

4.5 Stuttgarter Verfahren

Erläuterung

Das Stuttgarter Verfahren ähnelt dem Mittelwertverfahren und wird speziell von der staatlichen Finanzverwaltung zum Zwecke der Bewertung nicht-börsennotierter Unternehmensanteile im Zuge der Erbschafts- und Schenkungssteuer angewendet. Die Methodik des Stuttgarter Verfahrens regelt das Erbschaftssteuerrecht (R 96ff ErbStR): Hierbei wird zum Vermögenswert (Wert der Vermögensgegenstände abzüglich Fremdkapital in Relation zum Nennkapital) der fünffache Ertragshundertsatz hinzu addiert. Der Ertragshundertsatz errechnet sich aus den nachhaltig zu erzielenden Gewinnen, abgeleitet aus den letzten drei Jahren der Vergangenheit. Dabei wird in der Regel der Gewinn aus dem Jahr t-3 einfach gewichtet, der Gewinn t-2 doppelt und der Gewinn t-1 dreifach gewichtet und dann wie der Vermögenswert auch ins Verhältnis zum Nennkapital gesetzt. Die Summe aus Vermögenswert und dem fünffachen Ertragshundertsatz wird dann mit einem Faktor (sog. Hundertsatz), der den Zinssatz berücksichtigt, multipliziert. Dieser Wert stellt schließlich den Unternehmenswert dar und ist Grundlage für die Besteuerung.

Das Stuttgarter Verfahren wird primär angewendet, sofern für Unternehmensanteile kein Marktpreis (Börse) existiert. Daher ist es im Zuge der Schenkungs- und Erbschaftssteuerermittlung von Wirtschaftsprüfern und Steuerberatern einzusetzen.

Vorteile	Nachteile
• Berücksichtigung von Substanzwert und zukünftigen Erträgen • Gesetzlich definiertes Verfahren, das seinen Einsatz z.B. bei einer unentgeltlichen Übertragung von Firmenanteilen als Grundlage der Schenkungssteuer findet	• Pauschalisiertes Modell • Substanzstarke und gleichzeitig ertragsschwache Unternehmen werden aufgrund der Berechnungsformel benachteiligt • Als objektive Unternehmensbewertungsmethode wenig geeignet, da die zukünftige Unternehmensentwicklung nicht berücksichtigt wird

4.5 Stuttgarter Verfahren

Formel

Hundertsatz × (Vermögenswert + 5 × Ertragshundertsatz)

Beispiel

Annahmen:

Betriebsvermögen: 11.910 (= bilanzielles EK)
Gewinn t-3: 500
Geschäfts- oder Firmenwert: 0
Risikoloser Zins: 4,5%

1. Vermögenswert:

$$\frac{11.910}{2.500} = 476,4 \text{ v. Hundert}$$

2. Ertragshundertwert:

t-1: 950 × 3 = 2.850
t-2: 144 × 2 =   288
t-3: 500 × 1 =   500

$$= \frac{3.638}{2.500} = 145,52 \text{ v. Hundert}$$

3. Unternehmenswert:

$$\frac{81}{100} \times (476,4 \text{ v. Hundert } + 5 \times 145,52 \text{ v. Hundert})$$

$$= \frac{81}{100} \times 1.204 \text{ v. Hundert} = 975,24 \text{ v. Hundert}$$

9,75 × 2.500 = **24.375**

4.6 IDW S1

Erläuterung

Hierbei handelt es sich um eine Bewertungsmethode, die den Vorgaben des IDW* Standards 1 (»Grundsätze zur Durchführung von Unternehmensbewertungen«) entspricht und von Steuerberatern und Wirtschaftsprüfern angewendet wird. Das IDW S1-Verfahren ähnelt dem bereits beschriebenen Ertragswertverfahren und ermittelt den Unternehmenswert durch Diskontierung der prognostizierten, den Unternehmenseignern künftig zufließenden finanziellen Überschüsse nach Steuern, die aus den künftigen handelsrechtlichen Erfolgen (Ertragsüberschussrechnung) abgeleitet werden. Die finanziellen Überschüsse aus dem Unternehmen sind mit dem Kapitalisierungszinssatz auf den Bewertungsstichtag abzuzinsen. Zur Ermittlung des Kapitalisierungszinssatzes bedient man sich des risikolosen Basiszinssatzes, erhöht um einen Risikozuschlag und – im Gegensatz Ertragswertverfahren – um persönliche Ertragssteuern vermindert. Zur Ermittlung des Unternehmenswertes ist bei der Bestimmung des Kapitalisierungszinssatzes von dem Zinssatz für eine (quasi) risikofreie Kapitalmarktanlage auszugehen (Basiszinssatz). Aus diesem Grund wird für den Basiszinssatz die langfristig erzielbare Rendite öffentlicher Anleihen herangezogen. Bezüglich der Ermittlung der ewigen Rente wird den wachsenden finanziellen Überschüssen durch einen Wachstumsabschlag auf den Kapitalisierungszinssatz Rechnung getragen. Dieser Abschlag liegt je nach Wachstumsdynamik i.d.R. zwischen 0,5 und 2% und wirkt sich somit erhöhend auf den Wert eines Unternehmens aus.

Vorteile	Nachteile
• Standardisiertes, anerkanntes Verfahren des IDW • Berücksichtigt Unternehmenssteuern und Ertragssteuern, die bei Alternativanlage anfallen würden • Steuerliche Einflussfaktoren auf die Entscheidung werden mit einbezogen • Zahlungsstromorientiertes Verfahren	• Starker nationaler Fokus • Internationale Vergleichbarkeit ist nicht Hauptfokus • Ertrag ist manipulierbarer als einer Cash Flow • Keine marktorientierte, objektive Ermittlung des Kapitalisierungszinses (i.d.R. Durchschnittszinssatz)

*IDW: Institut der Wirtschaftsprüfer in Deutschland e.V.

4.6 IDW S1

Formel

$$\sum_{t=1}^{n} \frac{\text{Gewinn nach Steuern}_t}{(1 + i(1 - \text{Ertragssteuern}))^t}$$

$$+ \frac{\text{Restwert}_n}{(1 + i(1 - \text{Ertagsstreuern}) - \text{Abschlag})^n}$$

Beispiel

Annahmen:

Wachstum des Nachsteuerergebnisses: 10% p.a.
Persönlicher Ertragssteuersatz: 35%
Ausgangswert t_0: 950 × (110% − 17,5% Steuern*) = 879
Kapitalisierungszins: 7,5% (Basiszins inkl. Risikoaufschlag)
Abschlag ab t+4: 0,5% (≙ Wachstum von 0,5% p.a.)

$$\frac{967}{(1 + 0,075(1 - 0,35)) = 1,0488} + \frac{1.064}{(1,0488)^2} + \frac{1.170}{(1,0488)^3}$$

$$+ \frac{\frac{1.170}{(0,0488 - 0,005)}}{(1 + 0,0488 - 0,005)^3}$$

$$= 2.903 + 23.489 = \mathbf{26.392}$$

*halber Ertragssteuersatz aufgrund des sog. Halbeinkünfteverfahrens

4.7 Multiplikatorverfahren

Erläuterung

Das Grundprinzip des Multiplikatorverfahrens ist es, zunächst die Bewertung (üblicherweise die Marktkapitalisierung) eines vergleichbaren Unternehmens bzw. einer Branche in Relation zu entscheidenden Kennziffern, wie z.B. Umsatz, Gewinn oder EBIT zu setzen.
Gleiche Relationen sind danach auch für das zu bewertende Unternehmen anzusetzen, um somit auf eine faire Unternehmensbewertung schließen zu können. Gegebenenfalls werden aufgrund der Marktposition, der Managementqualität oder den zukünftigen Wachstumsperspektiven noch Zu- oder Abschläge vorgenommen, um das Unternehmen innerhalb der Branche entsprechend einordnen zu können. Der Vorteil dieser Verfahren ist es, innerhalb kürzester Zeit einen groben Anhaltspunkt für eine Bewertung zu ermitteln, ohne aufwändige Schätzungen anzustellen. Auch sind Branchenmultiplikatoren vielfach öffentlich zugänglich, so dass dies die Bewertung weiter vereinfacht. Multiplikatoren haben sich gerade in der Vergangenheit für junge Unternehmen als z.T. einzige Bewertungsmöglichkeit herausgestellt, da aufgrund anfänglicher negativer Cash Flows, hoher immaterieller Vermögensgegenstände sowie der Zugehörigkeit zu noch sehr jungen Branchen andere Methoden, wie z.B. das Discounted Cash Flow Verfahren, an ihre Grenzen gestoßen sind. Das Grundproblem des Multiplikatorverfahrens ist jedoch, dass Größen wie Unternehmensgewinne häufig bilanzpolitisch manipuliert sind und Multiplikatoren nicht die zukünftige, individuelle Entwicklung eines jeden Unternehmens berücksichtigen. Daraus resultieren häufig Fehleinschätzungen.
Die wichtigsten Multiplikatoren, die im Rahmen dieses Verfahrens zum Einsatz kommen, werden in Kapitel 5 ausführlich dargestellt.

Vorteile	Nachteile
• Zeit- und kostensparendes Verfahren • Vielfalt branchenüblicher Multiplikatoren und Erfahrungswerte öffentlich zugänglich • Dient dem relativen Vergleich	• Multiplikatoren zumeist statisch • Keine ausreichende Berücksichtigung zukünftiger Unternehmensentwicklung • Kapitalkosten und notwendige Investitionen bleiben unberücksichtigt

4.7 Multiplikatorverfahren

Formel

Unternehmenswert = Bezugsgröße des zu bewertenden Unternehmens
× Multiplikator

Beispiel

Für die Berechnung des Unternehmenswertes werden folgende Branchenkennzahlen ermittelt:

	Umsatz	EBIT	Marktwert
Unternehmen A	120.000	14.700	206.800
Unternehmen B	76.000	6.300	108.000
Unternehmen C	44.000	3.000	60.200
Durchschnitt	**80.000**	**8.000**	**125.000**

Ermittelte Branchen-Multiplikatoren:

Kurs-Umsatz-Verhältnis: $1{,}56 \left(= \frac{125.000}{80.000} \right)^*$

EBIT-Multiple: $15{,}63 \left(= \frac{125.000}{8.000} \right)$

Werte des zu bewertenden Unternehmens (vgl. Beispielbilanz):

Umsatz: 18.400
EBIT: 1.695

Fairer Wert nach Kurs-Umsatz-Verhältnis: **28.704** (= 18.400 × 1,56)

Fairer Wert nach EBIT-Multiple: **26.493** (= 1.695 × 15,63)

---

* vgl. auch Seite 73

4.8 Discounted Cash Flow (Entity Verfahren)

Erläuterung

Die in der Praxis am weitest verbreitete Methode für die Unternehmensbewertung ist das Discounted Cash Flow-Verfahren (DCF). Hier werden nicht die von der Rechnungslegung beeinflussten buchhalterischen Jahresüberschüsse als entscheidende Größe unterstellt, sondern die tatsächlichen Zahlungsmittelüberschüsse (Cash Flows). Diese Cash Flows, die sich letztlich in einer Veränderung des Zahlungsmittelbestandes ausdrücken, dienen dem Unternehmen u.a. dazu, (Neu-) Investitionen vorzunehmen, Verbindlichkeiten zu tilgen oder Dividenden an die Aktionäre auszuschütten. Bei der DCF-Methode existieren drei nach Brutto- und Nettoverfahren differenzierbare Methoden, deren Hauptunterschied in den zur Berechnung herangezogenen Cash Flows und Kapitalisierungszinsen besteht. Man unterscheidet demnach das Entity-Verfahren, das Equity-Verfahren und das Adjusted Present Value-Verfahren, die theoretisch alle, bei konsistenten Ausgangsbedingungen und bei Unterstellung einer zukünftig einheitlichen Kapitalstruktur zu identischen Ergebnissen führen.

Beim Entity-Verfahren wird das Unternehmen zunächst aus Sicht aller Kapitalgeber bewertet. Das bedeutet, dass die den Kapitalgebern zur Verfügung stehenden zukünftigen Free Cash Flows (nach Steuern) einschließlich eines Restwerts basierend auf dem letzten explizit geschätzten Free Cash Flow der Zukunft (sog. Terminal Value) auf den Bewertungszeitpunkt abgezinst werden (mithilfe des WACC, vgl. Seite 27). Um den Marktwert des Eigenkapitals zu ermitteln, wird der Marktwert des Fremdkapitals (Marktwert falls börsennotierte Anleihen, ansonsten Buchwerte) abgezogen. Die Berechnung der wichtigsten Cash Flow-Kennzahlen sind in Kapitel 6 ausführlich beschrieben.

Vorteile	Nachteile
• Cash Flows sind unabhängig von nationaler Rechnungslegung und daher als Grundlage der Unternehmensbewertung bestens geeignet • Überkommt die (statischen) Nachteile von Multiplikatoren • International anerkannte Methode	• Prognosen der zukünftigen freien Cash Flows in der Praxis z.T. sehr komplex • Restwert hat sehr großen Einfluss auf den Gesamtwert eines Unternehmens (i.d.R. ca. 80% des Gesamtwerts)

4.8 Discounted Cash Flow (Entity Verfahren)

Formel

$$\sum_{t=1}^{n} \frac{\text{Free Cash Flows}_t}{(1+i)^t} + \frac{\text{Restwert}_n}{(1+i)^n}$$

− Nettoverschuldung

− Pensionsrückstellungen

Beispiel 1

Für die Errechnung wird unterstellt, dass der Free Cash Flow (t_0: 1.891, vgl. Seite 85) über die nächsten fünf Jahre mit jeweils 10% wächst. Für die Berechnung des Restwerts wird der Free Cash Flow des letzten Jahres der Planungsperiode genommen und kein weiteres Wachstum unterstellt.
Abzinsungsfaktor WACC: 6,23% (Berechnung vgl. Seite 27)

$$\frac{2.080}{(1+0{,}0623)^1} + \frac{2.288}{(1+0{,}0623)^2} + \frac{2.517}{(1+0{,}0623)^3} + \frac{2.769}{(1+0{,}0623)^4}$$

$$+ \frac{3.045}{(1+0{,}0623)^5} + \frac{\frac{3.045}{0{,}0623}}{(0{,}0623)^5} - 9.210 - 2.860$$

= **34.570**

Beispiel 2

Annahme wie in Beispiel 1, jedoch WACC 7,23% anstelle 6,23%.

$$\frac{2.080}{(1+0{,}0723)^1} + \frac{2.288}{(1+0{,}0723)^2} + \frac{2.517}{(1+0{,}0723)^3} + \frac{2.796}{(1+0{,}0723)^4}$$

$$+ \frac{3.045}{(1+0{,}0723)^5} + \frac{\frac{3.045}{0{,}0723}}{(1+0{,}0723)^5} - 9.210 - 2.860$$

= **27.851**

4.9 Discounted Cash Flow (Equity Verfahren)

Erläuterung

Beim Equity-Verfahren werden im Gegensatz zum vorher beschriebenen Entity-Verfahren nur die Einzahlungsüberschüsse, die den Eigenkapitalgebern zustehen, für die Bewertung berücksichtigt. Somit ermittelt sich der Wert des Eigenkapitals direkt ohne Abzug des Fremdkapitals. Der zur Diskontierung verwendete Cash Flow ermittelt sich aus dem sogenannten Flow to Equity (FTE)-Verfahren und wird ausgehend vom Free Cash Flow (vgl. Seite 85) um die Fremdkapitalzinsen korrigiert. Diese stehen den Fremdkapitalgebern zu und sind daher beim Equity-Verfahren nicht Bestandteil der Berechnungsgrundlage. Da auch der Weighted Average Cost of Capital (WACC) den steuermindernden Effekt des Fremdkapitals (Tax Shield) berücksichtigt, eignet sich dieser nicht als Abzinsungsfaktor. Stattdessen werden für die Berechnung des Marktwerts des Eigenkapitals auch nur die Eigenkapitalkosten, beispielsweise gemäß dem CAPM-Modell als Diskontierungsfaktor (vgl. Seite 24) herangezogen. Um den Marktwert des Eigenkapitals (Shareholder Value) zu ermitteln, muss schließlich das nichtbetriebsnotwendige Vermögen (wie z.B. Wertpapiere des Umlaufvermögens) hinzu addiert werden.

Vorteile	Nachteile
• Berücksichtigt Fremdkapitalzinsen sowie die Veränderung des Fremdkapitalbestands • Eignet sich sehr gut für Unternehmensvergleiche • Direkter Weg zur Ermittlung des Shareholder Value	• Die Prognose des FTE erfordert eine exakte Planung, da eine Veränderung der Außenfinanzierung die Höhe des FTE beeinflusst • Zukünftige Veränderungen des Fremdkapitals müssen für die Berechnung bekannt sein • Die in der Theorie gleichen Ergebnisse zwischen Entity- und Equity-Verfahren sind in der Praxis nur schwer zu erzielen

4.9 Discounted Cash Flow (Equity Verfahren)

Formel

$$\sum_{t=1}^{n} \frac{\text{Flow to Equity}_t}{(1 + i_{EK})^t} + \frac{\text{Restwert}_n}{(1 + i_{EK})^n} + \text{Nicht-betriebsnotwendiges Vermögen}$$

Beispiel

Flow to Equity:

Free Cash Flow t_0		1.891
− FK Zins		− 320
+ Wertbeitrag des Tax Shields	$\left(= \frac{412}{1.362} \times 320\right)$	= 97
+ Aufnahme FK		0
− Tilgung FK		− 450
		= **1.218**

Annahmen:

Wachstum 10% p.a. über die nächsten 5 Jahre
Stille Reserven Wertpapiere: 1.400

$$\frac{1.340}{(1 + 0{,}0835)^1} + \frac{1.474}{(1 + 0{,}0835)^2} + \frac{1.621}{(1 + 0{,}0835)^3} + \frac{1.783}{(1 + 0{,}0835)^4}$$

$$+ \frac{1.962}{(1 + 0{,}0835)^5} + \frac{\frac{1.962}{0{,}0835}}{(1 + 0{,}0835)^5} + 2.500$$

= **24.609**

4.10 Adjusted Present Value (APV)

Erläuterung

Mit dem Adjusted Present Value-Verfahren, dem dritten DCF-Verfahren, wird der Unternehmenswert in einzelnen Komponenten berechnet. Zuerst wird unter Annahme einer ausschließlichen Eigenfinanzierung der Unternehmenswert ermittelt. Dieser Wert stellt das operative Ergebnis der Unternehmenstätigkeit dar und ist losgelöst von den Einflüssen der Finanzstruktur. Um den Wert eines unverschuldeten Unternehmens zu erhalten, wird zum Diskontieren der Free Cash Flows der Eigenkapitalkostensatz verwendet.

In einem nächsten Schritt werden die vorher außer Acht gelassenen Wertbeiträge der Finanzierungsseite, d.h. aus der bestehenden Kapitalstruktur, erfasst und zum vorher ermittelten Unternehmenswert addiert. Dabei sind auch der Unternehmenssteuereffekt und der Einkommenssteuereffekt zu berücksichtigen. Durch diese Wertkorrektur (Adjusted Present Value) ergibt sich unter Einbeziehung der ewigen Rente der Gesamtwert des Unternehmens. Den Markwert des Eigenkapitals erhält man durch Abzug des Marktwerts des Fremdkapitals vom Unternehmensgesamtwert.

Durch das APV wird der komplizierte Prozess der Unternehmensbewertung in einzelne Komponenten zerlegt, und es entsteht eine größere Transparenz über die Entstehungsorte der Wertbeiträge. Informationen über die Herkunft des Unternehmenswertes, resultierend aus dem operativen Geschäft oder aus Steuerersparnissen ist gerade für Investoren von großer Bedeutung.

Vorteile	Nachteile
• DCF-Verfahren mit Berücksichtigung von Steuereffekten • Transparentere Darstellung der Wertbeiträge der Finanzierungsseite als bei Entity-Verfahren • Cash Flow-Verfahren weniger manipulierbar als Ertragswertverfahren	• Hoher Einfluss des Fortführungswertes am Ende der Planungsperiode • Anwendung des CAPM komplex

4.10 Adjusted Present Value (APV)

Formel

$$\sum_{t=1}^{n} \frac{\text{Free Cash Flows}_t}{(1 + i_{ek})^t} + \frac{\text{Restwert}_n}{(1 + i_{ek})^n} + \sum_{t=1}^{n} \frac{i_{fk} \times FK_t \times s}{(1 + i_{fk})^t} - \text{Nettoverschuldung}$$

Beispiel

Annahmen:

Free Cash Flow-Wachstum: 10% p.a. (t_0: 1.891, vgl. Seite 85)
Zinstragendes Fremdkapital konstant: 10.630
Fremdkapitalzinsen konstant: 5,54%
Zukünftiger Steuersatz: 35%

$$\frac{2.080}{(1 + 0{,}0835)^1} + \frac{2.288}{(1 + 0{,}0835)^2} + \frac{2.517}{(1 + 0{,}0835)^3} + \frac{2.769}{(1 + 0{,}0835)^4}$$

$$+ \frac{3.035}{(1 + 0{,}0835)^5} + \frac{\frac{3.045}{0{,}0835}}{(1 + 0{,}0835)^5} = 34.317$$

$$+ \frac{0{,}0554 \times 10.630 \times 0{,}35}{(1 + 0{,}0554)^1} + \frac{0{,}0554 \times 10.630 \times 0{,}35}{(1 + 0{,}0554)^2}$$

$$+ \frac{0{,}0554 \times 10.630 \times 0{,}35}{(1 + 0{,}0554)^3} + \frac{0{,}0554 \times 10.630 \times 0{,}35}{(1 + 0{,}0554)^4}$$

$$+ \frac{0{,}0554 \times 10.630 \times 0{,}35}{(1 + 0{,}0554)^5} + \frac{\frac{0{,}0554 \times 10.630 \times 0{,}35}{0{,}0554}}{(1 + 0{,}0554)^5} = 3.720$$

− 9.210 (Nettoverschuldung)

= 34.317 + 3.720 − 9.210 = **28.827**

4.11 Dividend Discount Methode

Erläuterung

Die Dividend Discount Methode ist eine spezielle Form der Discounted Cash Flow Methoden. Der relevante Cash Flow wird hierbei durch die Höhe der Dividenden dargestellt. Da die Anspruchsberechtigten der Dividende lediglich Aktionäre bzw. Gesellschafter sein können und diese nur Anteile am Eigenkapital besitzen, impliziert das folglich, dass nur der Wert des Eigenkapitals ermittelt wird und nicht der des Gesamtunternehmens. Es ist daher die Höhe der zukünftigen Dividenden zu bestimmen und diese werden auf den heutigen Zeitpunkt abdiskontiert. Durch den Vorgang der Diskontierung erhalten die Dividenden der nahen Zukunft ein höheres Gewicht als die der ferneren Zukunft. Wie bei allen Discounted Cash Flow-Methoden besteht die Möglichkeit zwischen mehreren »Phasenmodellen« zu unterscheiden, die jeweils unterschiedliche Wachstumsannahmen treffen. Das einfachste Modell ist hierbei sicherlich das statische Modell, das die Dividende lediglich als ewige Rente betrachtet. Geht man davon aus, dass ein Unternehmen immer in der Lage sein wird, diese Dividende auch zu zahlen, so würde dieses Modell somit auch die Wertuntergrenze einer Aktie bestimmen. Bei dem Abzinsungsfaktor, der für die Diskontierung zugrunde gelegt wird, sollte ggf. berücksichtigt werden, dass der Steuersatz bei erhaltenen Dividenden ein anderer sein kann als bei Kursgewinnen, was sich wiederum in der Höhe des Abzinsungsfaktors widerspiegeln sollte.

Vorteile	Nachteile
• Es lässt sich ein mathematischer Zusammenhang zwischen dem Kurs-Gewinn-Verhältnis und dem Dividend Discount Modell erstellen • Einfach zu nutzen, um den Wert des Eigenkapitals zu errechnen • Besonders geeignet bei reifen Unternehmen mit einer stabilen Dividendenpolitik	• Der ermittelte Unternehmenswert ist in der Regel sehr konservativ • Die tatsächlich frei verfügbaren Cash Flows, die ein Unternehmen theoretisch ausschütten könnte, sind in der Regel deutlich volatiler als es in diesen Modellen zugrunde gelegt wird. Bei der Berücksichtigung aller freien Cash Flows kann es folglich zu dramatischen Abweichungen bei der Ermittlung des Eigenkapitalwertes kommen

4.11 Dividend Discount Methode

Formel

$$\frac{D_{t_0}(1+g)}{k-g} \times \text{Anzahl der Aktien}$$

wobei:
D = Dividende je Aktie
t_0 = Aktuelles Jahr
g = Angenommenes Dividendenwachstum der Zukunft
k = Diskontierungsfaktor

Beispiel

Annahmen:

Dividendenwachstum: 5% p.a.
Diskontierungsfaktor: 7%
Anzahl der Aktien: 2.500 (vgl. Zusatzinformationen Seite 16)

$$\frac{0{,}15\,(1+0{,}05)}{0{,}07-0{,}05} \times 2.500$$

$= 7{,}875 \times 2.500 =$ **19.688**

4.12 Realoptionen

Erläuterung

Der Realoptionsansatz ist ein in den neunziger Jahren im angelsächsischen Raum sehr populär gewordenes Unternehmensbewertungsverfahren. Realoptionen sind Handlungsmöglichkeiten/Flexibilitäten, die den Inhaber mit einem unmittelbaren Recht ausstatten, die aus bspw. einer Investition resultierenden Brutto-Cash Flows gegen Zahlung der Investitionskosten zu erwerben. Diese dargestellte Definition ist der einer europäischen Call-Option somit sehr ähnlich. Realoptionen sind allerdings Optionen, die in realen Vermögensgegenständen bestehen. Bei einer Ölquelle etwa hat der Inhaber immer das Recht, diese zu schließen, sollten die variablen Kosten größer als der erwirtschaftete Cash Flow sein. Diese Realoption nennt sich Abbruchsoption und hat einen quantitativen Wert. In Unternehmen existieren Wachstumsoptionen, Abbruchsoptionen, Erweiterungsoptionen, Warteoptionen, Wechseloptionen und Einschränkungsoptionen, um nur einige zu nennen. Für die Bewertung der Realoptionen bedient man sich in der Praxis des sog. Binominalmodells, da es transparent und einfach anzuwenden ist. Alternativ kann man die Black-Scholes-Formel anwenden. Meistens wird der Realoptionsansatz in Verbindung mit den DCF-Methoden verwendet. Es existiert kein anderes Unternehmensbewertungsverfahren, welches Chancen und Risiken sowie Handlungsflexibilitäten des Managements so berücksichtigen kann, wie der Realoptionsansatz.

Vorteile	**Nachteile**
• Transparente Darstellung der Wertermittlung • Asymmetrische Risikoverteilungen sind möglich • Durch Verwertung von Wahrscheinlichkeiten sehr flexibel • Berücksichtigt Handlungsflexibilität des Managements • Ist in der Lage bspw. Vertragskomponenten zu bewerten	• Nur mit dem DCF-Modell für die Unternehmensbewertung geeignet • Für Externe schwer anwendbar, da im Unternehmen vorhandene Realoptionen schwer erkennbar sein können • Options-Know how ist Voraussetzung und die implizierte komplexe Mathematik muss verstanden sein • Optionsbewertung oftmals zu positiv, daher tendenziell werterhöhend

4.12 Realoptionen

Formel

Pseudowahrscheinlichkeit $p = \dfrac{1 + i - d}{u - d}$

u = Steigerung der Cash Flows

$d = \dfrac{1}{u}$ = Verringerung der Cash Flows

Beispiel

Kauf von 45% einer Unternehmung für 17.000. Dieses Unternehmen wurde nach der DCF-Methode bewertet (vgl. Seite 45). Der Marktwert des Eigenkapitals ergab 34.570. Der zu erwerbende Anteil hat somit einen Gegenwartswert von 15.557. Die Investition wäre daher zunächst nicht von Vorteil nach diesem Beispiel.
Zusätzliche Vertragsoption: Sollten nach 2 Jahren die erzielten anteiligen Cash Flows nicht die Investitionen einspielen, so verpflichtet sich der Verkäufer den 45%-Anteil für 17.000 zurückzukaufen.

Annahmen:

Risikoloser Zins: 4,5%
u = 1,2 (Steigerung um 20%)
d = 0,833

Jahr 0	Jahr 1	Jahr 2	
		49.780,80	0
	41.484,00	606,27	
34.570,00	1.796,40	34.570,00	1.443,50
	28.808,33	3.439,92	
		24.006,94	6.196,88

Somit ergibt sich unter Einbeziehung der Realoption ein Gesamtwert von 17.353 (34.570 × 0,45 + 1.796,4). Der Wert der Realoption ist jeweils die grau unterlegte Zahl und bezieht sich auf die linksstehende Cash Flow Prognose. Er berechnet sich aus dem Maximalwert des zukünftigen Jahres multipliziert mit der Pseudowahrscheinlichkeit p zuzüglich dem Minimalwert des zukünftigen Jahres multipliziert mit dem Faktor 1-p.

4.13 Sum of the parts-Bewertung

Erläuterung

Die Sum of the parts-Bewertung wird im allgemeinen für solche Unternehmen verwendet, die sich durch eine Mehrzahl unterschiedlicher, schwer miteinander vergleichbarer Geschäftstätigkeiten auszeichnet. Es handelt sich hierbei in der Regel um eine spezielle Form des Multiplikatorverfahrens. Hintergrund hierbei ist, dass jeder Bereich für sich normalerweise unterschiedlichen Wachstums- und Renditemustern folgt, was wiederum eine unterschiedliche Bewertung für jeden einzelnen Bereich rechtfertigen würde. Das Unternehmen wird bei dieser Form der Bewertung vorerst in die einzelnen Bereiche aufgeteilt. Dies erfolgt anhand von Umsatz bzw. Erfolgsgrößen wie EBIT oder EBITDA-Zahlen. Die ausgesuchten Bereichsgrößen werden nun mit den Bewertungsmultiplikatoren von vorher zu bestimmenden Vergleichsunternehmen multipliziert (z.B. Unternehmen der gleichen Industrie). Bei diesen Bewertungsmultiplikatoren handelt es sich um die so genannten Enterprise Value- (Unternehmenswert) Multiplikatoren (vgl.: EV/Umsatz; EV/EBITDA; EV/EBIT). Durch die Multiplikation kürzt sich die Erfolgsgröße weg und man erhält so den theoretischen Enterprise Value der jeweiligen Geschäftseinheit. Durch die Addition der einzelnen Geschäftswerte erhält man den Wert des Gesamtunternehmens. Der theoretische Wert des Eigenkapitals ermittelt sich durch anschließende Subtraktion der Nettoverschuldung. Da es sich bei den so bewerteten Unternehmen um Konglomerate handelt, wenden eine Vielzahl von Analysten noch eine negative Prämie (Discount) auf den Wert des Eigenkapitals an, um diesem Sachverhalt gerecht zu werden.

Vorteile	Nachteile
• Einfach zu berechnen, solange Vergleichsdaten vorhanden sind • Theoretisch sind die Werte einzelner Unternehmensbereiche auch mit DCF-Verfahren ermittelbar, sofern eine Zuordnung von Cash Flows der einzelnen Geschäftsbereiche möglich ist	• Die Nutzung von Variablen setzt voraus, dass die Vergleichsunternehmen richtig bewertet sind und das zu bewertende Unternehmen den selben Multiplikator verdient • Die Auswahl der Vergleichsunternehmen hat ggf. dramatischen Effekt auf die Gesamtvaluierung

4.13 Sum of the parts-Bewertung

Formel

Wert des Eigenkapitals =
  Bezugsgröße Division A × Multiplikator der Benchmark
+ Bezugsgröße Division B × Multiplikator der Benchmark
+ Bezugsgröße Division n × Multiplikator der Benchmark
− Nettoverschuldung
− Pensionsrückstellungen

Beispiel

Das Beispielunternehmen ist in zwei Geschäftsfeldern tätig, welche das operative Ergebnis zu 65% (1.102) bzw. zu 35% (593) erwirtschaften. Die beiden Tätigkeitsbereiche haben unterschiedliche Wachstumsaussichten in der Zukunft. Die Vergleichsindustrien zu den jeweiligen Geschäftsfeldern werden derzeit mit Industriemultiplikatoren von 19,8 EV/EBIT (Berechnung vgl. Seite 75/76) bzw. 16,2 EV/EBIT bewertet.

Wert des Tätigkeitsbereichs I:

  EV = EBIT 1.102 × 19,8 EV/EBIT = 21.820

Wert des Tätigkeitsbereichs II:

  EV = EBIT 593 × 16,2 EV/EBIT = 9.607

Wert des Eigenkapitals:

	EV Gesamtunternehmen	31.427
−	Nettoverschuldung	9.210
−	Pensionsrückstellung	2.860
	=	**19.357**

4.14 Economic Value Added (EVA)

Erläuterung

Der Economic Value Added (EVA) zählt zu den sogenannten Übergewinnverfahren. Das bedeutet, dass der Unternehmensgewinn nicht nur die Kapitalkosten decken muss, sondern erst darüber hinaus zusätzlicher Wert für den Investor geschaffen wird (sog. Economic Value Added oder auch Shareholder Value Added).

Für die Berechnung des EVA's wird zunächst die bereinigte Gewinngröße NOPAT (Net Operating Profit after Tax) dem investierten Kapital gegenübergestellt. Diese Bereinigungen (auch: Adjustierungen bzw. Conversions) dienen dazu, verschiedene Unternehmen (bzw. -teile) unabhängig von der Finanzierungsstruktur miteinander vergleichen zu können. Das NOPAT ist dabei der tatsächliche operative Gewinn vor Finanzierungskosten (vgl. auch Seite 58). Das investierte Kapital ist das betriebsnotwendige Kapital, um diesen operativen Profit erwirtschaften zu können (vgl. Seite 59). Um Wert zu schaffen, muss die resultierende Rendite ROIC (Return on Invested Capital) höher sein als die Kosten für das betriebsnotwendige Kapital (WACC, vgl. Seite 27). Die Überrendite (ROIC − WACC) multipliziert mit dem investierten Kapital führt zur jährlichen Wertsteigerung bzw. Wertvernichtung eines Unternehmens.

Für die Ermittlung des Gesamtwerts eines Unternehmens auf EVA-Basis werden als Grundlage auf das investierte Kapital, das auch eine Art Substanzwert darstellt, die einzelnen EVA's der Folgeperioden hinzuaddiert. Der Wert des Eigenkapitals errechnet sich durch Abzug der Nettoverschuldung und der Pensionsrückstellungen.

Vorteile	Nachteile
• Überkommt die Nachteile der Bewertung auf Basis von Multiplikatoren • Dient als sinnvolle Ergänzung zum DCF-Modell • Stellt eine effiziente Kapitalallokation sicher • Zeigt in der ex post Betrachtung die Qualität des Managements auf	• Vielzahl von Adjustierungen notwendig (z.B. Operating Leases, Latente Steuern, F&E-Aufwendungen oder Goodwill) • Nicht sinnvoll in einem Umfeld mit hohen inflationären Tendenzen

4.14 Economic Value Added (EVA)

Formel

$$\text{Investiertes Kapital} + \sum_{t=1}^{n} \frac{EVA_t}{(1+i)^t} + \frac{Restwert_n}{(1+i)^n}$$

– Nettoverschuldung

– Pensionsrückstellungen

Beispiel

Annahmen:

Prognostiziertes EVA t+1: 150 (Berechnung für t_0 vgl. Seite 60)
EVA-Wachstum: 10% p.a.
Investiertes Kapital: 25.400 (Berechnung vgl. Seite 59)
WACC: 6,23% (Berechnung vgl. Seite 27)

$$25.400 + \frac{150}{(1+0{,}0623)^1} + \frac{165}{(1+0{,}0623)^2} + \frac{182}{(1+0{,}0623)^3}$$

$$+ \frac{200}{(1+0{,}0623)^4} + \frac{220}{(1+0{,}0623)^5} + \frac{\frac{220}{0{,}0623}}{(1+0{,}0623)^5}$$

$- 9.210 - 2.860 =$ **16.700**

4.14.1 Net Operating Profit after Taxes (NOPAT)

Formel **Beispiel**

EBIT	1.695
+ Abschreibungen	+ 300
+ Δ Rückstellungen	+ (3.990 − 3.985)
− Operative Steuern	− 478
+ Zinsen für Leasingaufwendungen	0
+ Δ Kapitalisierte F&E - Aufwendungen	0
= NOPAT	**= 1.522**

Erläuterung

Das NOPAT ist der operative Nettogewinn nach Steuern. Es beschreibt, welchen Profit das Unternehmen im Falle einer reinen Eigenkapitalfinanzierung erwirtschaften würde. Daher ist für jedes Unternehmen, das die Hebelwirkung des Fremdkapitals ausnutzt, das NOPAT eine Alternative, um den operativen Erfolg zu messen.

Vorteile	Nachteile
• Ist unabhängig von der Finanzierungsform • Betrachtet das rein operative Ergebnis • Steuern finden als Aufwand Berücksichtigung • Leasing-Finanzierungen werden in der Regel adjustiert	• Vielzahl von Adjustierungen möglich • Basiert auf Rechnungslegungsmaterial, daher weniger genau als Cash Flows, weil Rechnungslegungsvorschriften zum Tragen kommen

4.14.2 Investiertes Kapital

Formel

Eigenkapital + langfristige Rückstellungen + verzinsliches Fremdkapital

Beispiel

11.910 + 2.860 + 8.200 + 2.430 = **25.400**

Erläuterung

Das investierte Kapital ist das tatsächlich zu verzinsende und kostenverursachende Kapital eines Unternehmens und ist folglich das Kapital, das dem originären Geschäftszweck dient. Es ist damit die kritische Größe, die dem Gewinn gegenüberzustellen ist, um eine Rendite zu errechnen. Um erfolgreich zu wirtschaften, muss ein Unternehmen die Kapitalkosten auf das verzinste Kapital einspielen (vgl. auch EVA). Bei der Ermittlung des investierten Kapitals sind in der Regel auch die Barwerte zukünftiger Off-Balance Sheet Activities hinzuzurechnen, worauf Investoren ebenfalls eine Rendite erwarten. Hierzu zählen im wesentlichen Forschungs- und Entwicklungskosten sowie Leasingaufwendungen, die kapitalisiert werden.

Vorteile	Nachteile
• Dient als Grundlage zur Ermittlung der durch die betrieblichen Tätigkeiten erzielbaren Rentabilität • Durch Adjustierungen ökonomisch sinnvoller als reine Buchwerte	• Es existieren eine Vielzahl möglicher Anpassungen • Analytischer Spielraum

4.14.3 Economic Value Added (pro Jahr)

Formel

$$\left(\frac{NOPAT \times 100\%}{\text{Investiertes Kapital}} - WACC \right) \times \text{Investiertes Kapital}$$

Beispiel

$$(5{,}99\% - 6{,}23\%) \times 25.400 = \mathbf{-60{,}1}$$

Erläuterung

Der Economic Value Added (EVA) basiert auf dem Ansatz, dass ein Unternehmen nur dann Wert für den Investor generiert, wenn die Rendite auf das eingesetzte Kapital (ROIC) die zugrunde liegenden Kapitalkosten (WACC) eines Unternehmens übersteigt. Diese Überrendite multipliziert mit dem investierten Kapital führt zur jährlichen Wertsteigerung bzw. -wertvernichtung eines Unternehmens. Im obigen Beispiel wäre das EVA des Jahres t_0 mit 60,1 Mio. € negativ, was sich ceteris paribus im Zeitverlauf auch in der Verringerung der Marktkapitalisierung um diesen Wert widerspiegeln sollte.

Der EVA sollte stets zusätzlich zu der reinen Betrachtung der Cash Flows herangezogen werden, denn obwohl ein Unternehmen positive Cash Flows generiert, kann es trotzdem Wert vernichten und einen negativen EVA besitzen.

Vorteile	Nachteile
• Im Gegensatz zum Cash Flow kann selbst auf jährlicher Basis die Wertgenerierung bzw. Wertzerstörung eines Unternehmens ermittelt werden	• Vielzahl von Adjustierungen möglich
• Überkommt traditionelle Probleme der Multiples Bewertung	• Nicht sinnvoll in einem Umfeld mit hohen inflationären Tendenzen
	• EVA sollte im Zeitablauf Beachtung finden
	• Beteiligungen, die ggf. aus operativen Überlegungen getätigt wurden, aber nicht vollkonsolidiert werden, finden ggf. keine Berücksichtigung

4.14.4 Market Value Added (MVA)

Formel

$$\sum_{t=1}^{t=\infty} \frac{EVA_t}{(1 + WACC)^t}$$

MVA = Enterprise Value
 − (Eigenkapital + Fremdkapital − Kurzfr. Verbindlichkeiten)

Beispiel

32.210 − (11.910 + 13.400 − 2.770) = **9.670**

Erläuterung

Der Market Value Added entspricht der Differenz aus dem aktuellen Wert des Unternehmens (Enterprise Value, vgl. Seite 75, oder auch alternativ Marktkapitalisierung zuzüglich der Nettoverschuldung) und dem bilanziellen Wert des langfristigen Kapitals. Somit drückt der Market Value Added den Betrag aus, den der Markt bereit ist, zusätzlich zu dem zur Verfügung stehenden bilanziellen Kapital zu bezahlen. Der MVA entspricht daher auch der Summe der abgezinsten zukünftigen, jährlichen EVA's, sofern ein Marktgleichgewicht besteht.
Die Kennzahl zeigt somit den kumulierten Betrag, um den das Unternehmen bzw. das Management den Aktionärswert gesteigert hat.

Vorteile	Nachteile
• Internationale und branchenübergreifende Vergleichbarkeit • Bewertungsmaßstab für Managementleistung	• MVA ist nur für börsennotierte Gesellschaften geeignet • MVA ist abhängig vom Gesamtmarkt

4.15 Zusammenfassung der Ergebnisse

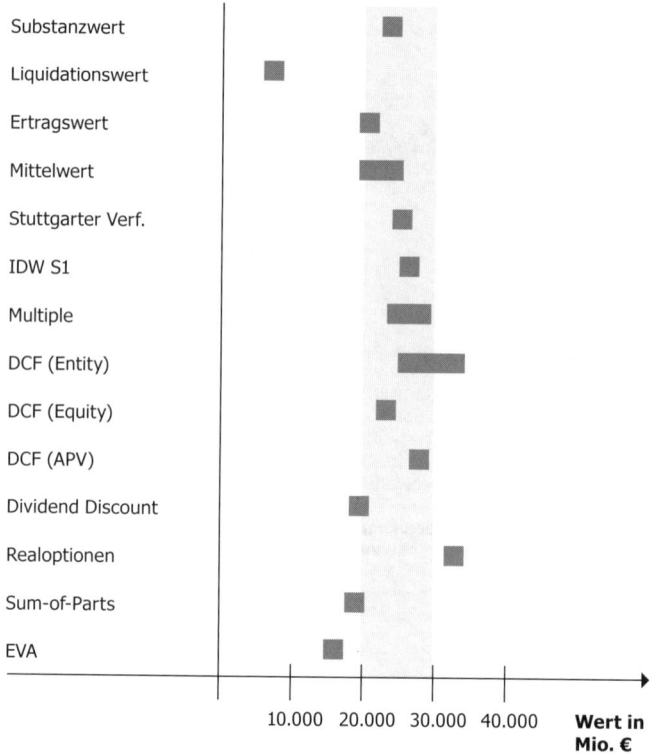

Die Grafik fasst die Ergebnisse der einzelnen Verfahren zusammen. Zwar ist zu berücksichtigen, dass z.T. verschiedene Annahmen getroffen wurden, wodurch die einzelnen Werte nicht eindeutig vergleichbar sind. Jedoch lässt sich aus der Vielzahl unterschiedlicher Methoden ein ungefährer Mittelwert ableiten (hier zwischen Mio. 20–30 Mrd. € vgl. hellgrauer Balken), der als Verhandlungsgrundlage bei einer Transaktion herangezogen werden kann.

4.15 Zusammenfassung der Ergebnisse

Wie in der Einleitung beschrieben, hat der Abzinsungsfaktor wesentlichen Einfluss auf die Unternehmensbewertung. Die folgende Grafik verdeutlicht die Auswirkungen auf den Wert eines Unternehmens bei Veränderung einerseits des Kapitalkostensatzes (WACC) und andererseits des Wachstums der zukünftigen Free Cash Flows.

Für die Berechnung der Zahlen wurde ein vereinfachtes DCF-Modell unterstellt. Der Free Cash Flow im Jahr 1 beträgt 1 Mio. € und wächst um den angegeben Faktor der horizontalen Achse über weitere zwei Jahre. Der entsprechende Abzinsungsfaktor WACC ist an der vertikalen Achse aufgezeigt. Das Unternehmen ist schuldenfrei.

WACC \ Wachstum	5%	6%	7%	8%	9%
5%	21,9	22,3	22,7	23,1	23,5
6%	18,2	18,6	18,9	19,2	19,5
7%	15,6	15,9	16,2	16,4	16,7
8%	13,6	13,9	14,1	14,4	14,6
9%	12,1	12,3	12,5	12,7	12,9

Es wird deutlich, dass bei einem gleichbleibenden Kapitalkostensatz von 5% eine gesteigerte Wachstumsannahme von 5 auf 9% nur zu einem zusätzlichen Unternehmenswert von 1,6 Mio. € führt (23,5 Mio. minus 21,9 Mio.). Dagegen wirkt sich umgekehrt ein gesteigerter Kapitalkostensatz von 5 auf 9% viel intensiver auf den Unternehmenswert aus: Bei einem konstanten Wachstum der Free Cash Flows von 5% führt dies zu einem Abschlag von 9,8 Mio. € (-45%).

Somit ist der richtigen Einschätzung der Kapitalkosten im Zuge der Unternehmensbewertung deutliche Priorität gegenüber der Wachstumsprognose einzuräumen.

Kapitel 5

Kennzahlen der Unternehmensbewertung/ Multiplikatoren

5.1 Gewinn pro Aktie

Formel

$$\frac{\text{Gewinn} \pm \text{außerordentliches Ergebnis}}{\text{Anzahl der Aktien}}$$

Beispiel

$$\frac{950 \text{ Mio. €} + 88 \text{ Mio. €}}{2.000 \text{ Mio. Stück} + 500 \text{ Mio. Stück}} = \mathbf{0{,}415 \text{ € pro Aktie}}$$

Erläuterung

Für die Errechnung des Gewinns pro Aktie wird der Unternehmensgewinn (Jahresüberschuss, Net Income), bereinigt um das außerordentliche Ergebnis, durch die Anzahl der ausstehenden Aktien geteilt.
Die Kennzahl ist die am häufigsten verwendete Zahl, um die Entwicklung eines Unternehmens im Zeitverlauf abzubilden und dient als eine Grundlage der Unternehmensbewertung. Zu berücksichtigen ist die unterschiedliche Gewinnermittlung in Abhängigkeit der länderspezifischen Rechnungslegungsvorschriften. Aktienoptionen, Wandelanleihen, Bezugsrechte oder Kapitalerhöhungen erhöhen die Anzahl der Aktien und verwässern hierdurch den Gewinn pro Aktie.

Vorteile	Nachteile
• Dient der Unternehmensbewertung • Vielzahl von (Analysten-)Schätzungen frei zugänglich • Intuitiv nachvollziehbar • Dient dem industriellen Vergleich	• Statische Größe • Gewinn unterliegt ggf. unterschiedlichsten Adjustierungen • Die Berechnung der Anzahl der Aktien erfolgt nicht einheitlich • Unterliegt den größtmöglichen bilanzpolitischen Spielräumen

5.2 Cash Flow pro Aktie

Formel

$$\frac{\text{Cash Flow aus laufender Geschäftstätigkeit}}{\text{Anzahl der Aktien}}$$

Beispiel

$$\frac{1.684 \text{ Mio. €}}{2.000 \text{ Mio. Stück} + 500 \text{ Mio. Stück}} = \textbf{0,67 € pro Aktie}$$

Erläuterung

Für die Errechnung des Cash Flows pro Aktie wird der operative Cash Flow ins Verhältnis zur Anzahl der ausstehenden Aktien gesetzt.
Die Kennzahl dient als Ergänzung zum Gewinn pro Aktie, da die Ermittlung des Cash Flows unabhängiger von unterschiedlichen Rechnungslegungsstandards ist. Der Cash Flow pro Aktie dient als Indikator für die Finanzkraft des Unternehmens sowie die Fähigkeit, zukünftige Investitionen zu tätigen, Schulden zu tilgen oder Dividenden auszuschütten.

Vorteile	Nachteile
• Kennzahl einfach zu ermitteln • Dient der Bewertung eines Unternehmens • Ermöglicht den relativen Vergleich von Wettbewerbern • Weniger anfällig für bilanzpolitische Maßnahmen	• Variiert stark im Zeitablauf, da Cash Flow schwankungsanfällig ist • Kapitalkosten werden nicht berücksichtigt • Investitionserfordernisse werden nicht berücksichtigt

5.3 Kurs-Gewinn-Verhältnis (KGV)

Formel

$$\frac{\text{Börsenkurs je Aktie}}{\text{Gewinn je Aktie}}$$

Beispiel

$$\frac{8{,}50\ €}{0{,}415\ €} = \mathbf{20{,}5}$$

Erläuterung

Das Kurs-Gewinn-Verhältnis bringt zum Ausdruck, mit dem Wievielfachen des heutigen Gewinns das Unternehmen an der Börse bewertet wird. Ein hohes KGV kann gleichzeitig bedeuten, dass die Qualität der Gewinne in den zukünftigen Jahren stark zunimmt und somit das KGV in der Zukunft entsprechend sinkt.

Da jedoch der Gewinn eines Unternehmens gerade im internationalen Vergleich eine sehr schwankungsanfällige Größe ist, ist die Aussagekraft des KGV's begrenzt. Es eignet sich jedoch für einen schnellen Vergleich innerhalb eines Jahres und einer Branche.

Das langfristige KGV deutscher Aktien liegt bei ca. 17. Man spricht daher häufig auch von einer Überbewertung (KGV > 20) bzw. Unterbewertung (KGV < 10) des Aktienmarktes. Das KGV ist eine sehr volatile Kennzahl, die stark auf externen Erwartungen und Einflüssen beruht.

Vorteile	Nachteile
• Schnelle Vergleichbarkeit • Branchenunabhängiger Indikator • Einfach zu ermitteln • Vielzahl von Gewinnschätzungen sind frei zugänglich, dadurch schnelle Berechnung möglich	• Keine Berücksichtigung des Unternehmenswachstums • Statische Kennzahl • Gewinne sind abhängig von Bilanzpolitik sowie nationalen Rechnungslegungsvorschriften und Steuergesetzen • Ein Unternehmen muss für die Berechnung des KGV's Gewinne erzielen

5.4 Price Earnings Growth Ratio (PEG)

Formel

$$\frac{KGV}{\text{Durchschnittliche Gewinnwachstumsrate (CAGR)}}$$

Beispiel

$$\frac{20,5}{10} = 2,05$$

Erläuterung

Das Price Earnings Growth Ratio – oder auch dynamisches KGV – setzt das KGV ins Verhältnis zum durchschnittlichen Gewinnwachstum (englisch: Compounded Average Growth Rate – CAGR) eines Unternehmens. Die CAGR wird üblicherweise über die zukünftigen drei bis fünf Jahre errechnet.

Das Price Earnings Growth Ratio eignet sich daher insbesondere für junge, schnell expandierende Unternehmen und relativiert zum Teil die Starrheit des KGV's. Weist ein Unternehmen etwa jährliche Gewinnsteigerungen von 25% bei einem KGV von 25 auf, so hätte dieses Unternehmen ein PEG Ratio von 1 und wäre per Definition fair bewertet. Werte größer 1 gelten im allgemeinen als überbewertet, Werte mit einem PEG Ratio kleiner 1 dagegen als tendenziell unterbewertet.

Vorteile	Nachteile
• Einfach zu ermitteln • Versucht eine dynamische Komponente zu berücksichtigen • Dient dem relativen Vergleich	• Gibt keine klaren Kriterien für die Höhe des PEG Ratios • Überkommt nur im sehr geringen Maße die Nachteile des »klassischen« KGV's

5.5 Kurs-Cash Flow-Verhältnis (KCV)

Formel

$$\frac{\text{Börsenkurs je Aktie}}{\text{Cash Flow je Aktie}}$$

Beispiel

$$\frac{8,50 \, €}{0,67 \, €} = 12,7$$

Erläuterung

Teilt man den Aktienkurs durch den Cash Flow pro Aktie, so erhält man das Kurs-Cash Flow-Verhältnis eines Unternehmens.
Die Kennzahl besagt, mit welchem Faktor des Cash Flows die Aktien eines Unternehmens an der Börse bewertet sind und dient als Ergänzung zum KGV. Aufgrund der höheren Aussagefähigkeit des Cash Flows im Vergleich zum Gewinn kann durch Berücksichtigung des Kurs-Cash Flow-Verhältnisses die relative Attraktivität einer Aktie im Vergleich zur Branche ermittelt werden.

Vorteile	Nachteile
• Einfach zu ermitteln • Cash Flow ist bilanzpolitisch weniger beeinflussbar • Dient dem relativen Vergleich	• Investitionserfordernisse werden nicht berücksichtigt • Kapitalkosten werden nicht berücksichtigt • Das zugrunde gelegte Kapital findet keine Berücksichtigung

5.6 Dividendenrendite

Formel

$$\frac{\text{Dividende}}{\text{Börsenkurs}} \times 100\%$$

Beispiel

$$\frac{0{,}15\ \text{€}}{8{,}50\ \text{€}} \times 100\% = \mathbf{1{,}76\%}\ \text{(Stammaktie)}$$

$$\frac{0{,}15\ \text{€}}{8{,}90\ \text{€}} \times 100\% = \mathbf{1{,}69\%}\ \text{(Vorzugsaktie)}$$

Erläuterung

Die Dividendenrendite ergibt sich aus der Dividende plus Steuergutschrift (im obigen Rechenbeispiel nicht berücksichtigt) im Verhältnis zum Börsenkurs. Sie drückt aus, wie hoch die effektive Verzinsung des in Aktien investierten Kapitals ist. Die Dividendenrendite hat für Investoren insbesondere im Vergleich zu anderen Anlageformen, wie z.B. Anleihen, eine wichtige Bedeutung. Für Investoren ist jedoch zu berücksichtigen, dass Dividendenausschüttungen im Gegensatz zu Couponzahlungen von Rentenpapieren wesentlich unsicherer sind. Gleichzeitig wird am Tag der Dividendenausschüttung die Dividende vom Börsenkurs der Aktie subtrahiert, was im Zeitverlauf durch die Steigerung des Aktienkurses wieder aufgeholt werden muss.

Vorteile	Nachteile
• Die Dividendenrendite kann ggf. als zusätzliches Kriterium für die Attraktivität eines Unternehmens herangezogen werden • Dient der Bestimmung der relativen Attraktivität • Dient dem Sicherheitsaspekt einer Investition	• Die Finanzierung der Dividende bleibt unberücksichtigt • Ist nur ermittelbar, wenn Dividende bezahlt wird • Es gibt keine »optimale« Dividendenrendite • Auch Dividenden sind im Zeitablauf variierbar

5.7 Marktkapitalisierung

Formel

$$(\text{Anzahl der Stammaktien} \times \text{Preis je Stammaktie})$$
$$+ (\text{Anzahl der Vorzugsaktien} \times \text{Preis je Vorzugsaktie})$$

Beispiel

$$(2.000 \text{ Mio.} \times 8{,}50\ €) + (500 \text{ Mio.} \times 8{,}90\ €) = \mathbf{21.450\ Mio.\ €}$$

Erläuterung

Die Marktkapitalisierung ergibt sich aus der Anzahl der Aktiengattung multipliziert mit dem jeweiligen Aktienkurs. Die Marktkapitalisierung drückt somit den aktuellen Marktwert des Eigenkapitals eines Unternehmens aus.
Je höher die Marktkapitalisierung eines Unternehmens, desto höher ist in der Regel das Interesse der Investoren und damit die Liquidität einer Aktie. Insbesondere in Deutschland sind die Liquidität und die Marktkapitalisierung eines Unternehmens die zwei wichtigsten Komponenten für die Zugehörigkeit zu einem Aktienindex. Ist ein Unternehmen in einem Aktienindex vertreten, so steigert dies wiederum die Aufmerksamkeit internationaler Investoren.
Für die Berechnung der Marktkapitalisierung gibt es unterschiedliche Verfahren: so werden zum Teil nur die Stammaktien, nur die frei verfügbaren Aktien (Free Float) oder nur die bereinigte Aktienanzahl aufgrund emittierter Wandelanleihen als Berechnungsgrundlage hinzugezogen. Die Deutsche Börse AG nimmt z.B. als Grundlage der Indexberechnung nur die frei verfügbaren Aktien einer bestimmten Gattung (Stämme oder Vorzüge) für die Berechnung der Marktkapitalisierung.

Vorteile	Nachteile
• Dient dem Größenvergleich von Unternehmen • Die Marktkapitalisierung wird häufig als Maßstab für die Investierbarkeit in Aktien herangezogen, d.h. niedriger Markteinfluss auch bei großvolumigen Aktienorders	• Es gibt unterschiedliche Formen der Marktkapitalisierung. Hierbei ist ausschlaggebend, ob Aktien in »festen Händen« (Bsp. Familienbesitz) oder frei verfügbar sind. Die Marktkapitalisierung in den Indizes bezieht sich in der Regel auf die Anzahl der frei verfügbaren Aktien

5.8 Kurs-Umsatz-Verhältnis

Formel

$$\frac{\text{Marktkapitalisierung}}{\text{Umsatz}}$$

Beispiel

$$\frac{21.450 \text{ Mio. €}}{18.400 \text{ Mio. €}} = \mathbf{1{,}17}$$

Erläuterung

Diese Kennzahl setzt die aktuelle Marktkapitalisierung des Unternehmens an der Börse ins Verhältnis zum Umsatz des letzten Geschäftsjahrs. Sie bringt zum Ausdruck, mit welchem Vielfachen ein Euro Umsatz an der Börse bewertet wird. Ein Wert von 1,17 sagt beispielsweise aus, dass ein Euro Umsatz aktuell mit 1,17 € an der Börse bewertet wird.
Der Einsatz der Kennzahl ist unter anderem sinnvoll, wenn Unternehmen keine Gewinne erwirtschaften und innerhalb der Branche verglichen werden sollen. Jedoch sollte die Kennzahl immer in Verbindung mit der Umsatzrendite oder dem Umsatzwachstum betrachtet werden, da sonst die Aussagefähigkeit eingeschränkt ist.

Vorteile	Nachteile
• Dient der Unternehmensbewertung • Bilanzpolitische Maßnahmen haben kaum Einfluss • Hilfreich, wenn Unternehmen noch kein positives operatives Ergebnis erwirtschaften • Einfach zu ermitteln	• Zu ungenau, um Unternehmenswert zu ermitteln • Finanzierungsformen bleiben unberücksichtigt • Unterschiedliche Wachstumsraten kommen nicht zum Tragen

5.9 Kurs-Buchwert-Verhältnis

Formel

$$\frac{\text{Börsenkurs je Aktie}}{\text{Buchwert je Aktie}}$$

$$\text{Buchwert} = \frac{\text{Buchwert des Eigenkapitals} - \text{Bevorzugtes Eigenkapital}}{\text{Anzahl der am Bilanzstichtag ausstehenden Stammaktien}}$$

Beispiel

$$\frac{8{,}50\ \text{€}}{\dfrac{11.910\ \text{Mio. €} - 500\ \text{Mio. €}}{2.000\ \text{Mio. Stück}}} = \mathbf{1{,}49}$$

Erläuterung

Das Kurs-Buchwert-Verhältnis stellt den aktuellen Aktienpreis dem bilanziellen Eigenkapital pro Aktie gegenüber. Der Buchwert stellt den Substanzwert der Vermögensgegenstände dar. Zu beachten ist, dass bei Unternehmen, die nach dem deutschen Handelsgesetzbuch (HGB) bilanzieren, Buchwerte aufgrund des Niederstwertprinzips oftmals deutlich unter dem aktuellen Marktwert notieren.

Grundsätzlich ist ein niedriges Kurs-Buchwert Verhältnis ein Indikator für ein günstig bewertetes Unternehmen. In der Regel ist das Kurs-Buchwert-Verhältnis größer als 1, d.h. der Aktionär zahlt für die positiven Zukunftsaussichten ein Agio. In Baisse-Phasen sind häufig die Buchwerte größer als der jeweilige Aktienkurs. Dies ist besonders bei zyklischen Unternehmen der Fall, bei denen Gewinne überdurchschnittlich einbrechen. Diese Phasen sind aber an der Börse meist nur von kurzer Dauer.

Vorteile	Nachteile
• Einfach zu ermitteln	• Statische Kennzahl
• Dient der Unternehmensbewertung	• Wachstum eines Unternehmens bleibt unberücksichtigt
• Bezieht sich auf die Substanz eines Unternehmens	• Nach HGB ist eine Verrechnung von Goodwill mit Eigenkapital möglich. Dies führt zu deutlichen Verzerrungen

5.10 Enterprise Value

Formel **Beispiel**

Marktkapitalisierung	21.450
+ Virtuelle Marktkapitalisierung der Minderheiten	+ 90
− Virtuelle Marktkapitalisierung der Finanzanlagen	− 2.500
= Virtuelle Marktkapitalisierung des Konzerns	= 19.040
+ Buchwert des verzinslichen Fremdkapitals	+ 10.630
+ Rückstellungen (falls langfristiger, zinstragender Charakter)	+ 2.860
− Liquide Mittel	− 320
= **Enterprise Value**	= **32.210**

Erläuterung

Der Enterprise Value ergibt sich, indem zum Marktwert (die Bewertung des Eigenkapitals an der Börse) eines Unternehmens die Verbindlichkeiten hinzuaddiert und liquide Mittel abgezogen werden. Der EV berücksichtigt (im Gegensatz z.B. zum KGV) die Kapitalstruktur als auch die (unrentable) Cash-Position bei einem Unternehmensvergleich. Die Berechnung des Enterprise Values basiert auf dem Grundgedanken, dass die Finanzstruktur nicht den Unternehmenswert beeinflusst.

Der Enterprise Value ist letztlich der Marktwert des Gesamtkapitals und somit der Unternehmenswert aus Sicht aller Kapitalgeber (Eigen- und Fremdkapital).

Vorteile	Nachteile
• Ein größerer Anteil des investierten Kapitals (Mittelherkunft) findet Berücksichtigung • Minderheitsbeteiligungen finden in der Regel keine Berücksichtigung	• Der Buchwert des Fremdkapitals ist lediglich eine Annäherung an die tatsächliche Höhe der Fremdverschuldung • Komplexe Berechnung, sofern Marktkapitalisierung nicht vorhanden ist

5.11 Enterprise Value / EBIT

Formel

$$\frac{\text{Enterprise Value}}{\text{EBIT}}$$

Beispiel

$$\frac{32.210}{1.695} = \mathbf{19{,}0}$$

Erläuterung

Das EV/EBIT setzt den Marktwert ins Verhältnis zum operativen Gewinn eines Unternehmens. Diese Kennzahl ist somit eine Alternative zum KGV, da es unterschiedliche Finanzierungsstrukturen und Steuerbelastungen auf internationaler Ebene berücksichtigt, indem die Zinsbelastung und der Steueraufwand aus dem Jahresüberschuss herausgerechnet werden.

Vorteile	Nachteile
• Unabhängig von der Finanzierungsform • Die nationale Steuerquote bleibt ohne Einfluss • Es erfolgt eine Bewertung des operativen Ergebnisses	• Strategische Beteiligungen, die als Minderheitsbeteiligungen verbucht werden, bleiben unberücksichtigt • Kapitalkosten bleiben unberücksichtigt • Investitionserfordernisse kommen nicht zum Tragen

5.12 Enterprise Value / EBITDA

Formel

$$\frac{\text{Enterprise Value}}{\text{EBITDA}}$$

Beispiel

$$\frac{32.210}{1.695 + 980} = \mathbf{12{,}0}$$

Erläuterung

Das EV/EBITDA stellt den Enterprise Value (Unternehmenswert) ins Verhältnis zum operativen Gewinn vor Steuern, Zinsen und Abschreibungen (EBITDA) eines Unternehmens. Diese Kennzahl beschreibt, wie oft der operative Ertrag im Unternehmenswert enthalten ist (in diesem Fall 12 Mal). Ähnlich wie das EV/EBIT ist es dem klassischen KGV überlegen, da es neben unterschiedlichen Finanzierungsstrukturen und Steuerbelastungen auch die unterschiedlichen Abschreibungsmodalitäten eliminiert, wodurch Unternehmen international innerhalb der gleichen Branche verglichen werden können.

Vorteile	Nachteile
• Ermöglicht internationalen Vergleich • Hilfreich bei der Bewertung von Unternehmen, die noch keinen Gewinn generieren	• Kapitalkosten bleiben unberücksichtigt • Strategische Beteiligungen finden keine Berücksichtigung • Erlaubt keinerlei Rückschlüsse auf die Fähigkeiten eines Unternehmens, das notwendige Betriebsvermögen (Nettoumlaufvermögen) zu verwalten • Investitionserfordernisse finden keine Berücksichtigung

5.13 Ergebnis je Aktie nach DVFA/SG*

Berechnungsschritte

1	Konzern-Jahresergebnis, wie ausgewiesen
2	Anpassungen des Konzernergebnisses aufgrund von Änderungen des Konsolidierungskreises
3	Latente Steueranpassungen
4	= Angepasstes Konzernergebnis
5	Bereinigungspositionen in den Aktiva
6	Bereinigungspositionen in den Passiva
7	Bereinigung nicht eindeutig zuordnungsfähiger Sondereinflüsse
8	Fremdwährungseinflüsse
9	Zusammenfassung der zu berücksichtigenden Bereinigungen
10	= DVFA/SG Konzernergebnis für das Gesamtunternehmen
11	Ergebnisanteile Dritter
12	DVFA/SG-Konzernergebnis für Aktionäre der Muttergesellschaft
13	Anzahl der zugrundelegenden Aktien
14	= Ergebnis nach DVFA/SG je Aktie (Basisergebnis)
15	Adjustiertes Ergebnis nach DVFA/SG je Aktie bei Veränderungen des Gezeichneten Kapitals nach dem Bilanzstichtag
16	Voll verwässertes Ergebnis nach DVFA/SG je Aktie

Erläuterung

Zielsetzung des Ergebnisses je Aktie nach DFVA/SG ist es, einen objektiven Vergleichsmaßstab für die Beurteilung der Ertragskraft eines Unternehmens zu haben. Aufgrund der unterschiedlichen internationalen Rechnungslegung werden insbesondere die Positionen bereinigt, die nach den jeweiligen Vorschriften zu unterschiedlichen Ergebnissen führen. Hierzu zählt unter anderem die stärkere Berücksichtigung latenter Steuern oder der Ansatz von Abschreibungen auf erworbene Geschäfts- oder Firmenwerte (Goodwill).
Das Ergebnis je Aktie nach DVFA/SG ist ein in Deutschland häufig verwendete Kennzahl, international ist sie jedoch von geringer Bedeutung.

* DVFA/SG:
Deutsche Vereinigung für Finanzanalyse und Anlageberatung e.V. /
Schmalenbach-Gesellschaft, Deutsche Gesellschaft für Betriebswirtschaft

5.14 Nettoverschuldung

Formel **Beispiel**

Zinstragendes Fremdkapital	10.630
− Liquides Vermögen	− 320
− Wertpapiere des Umlaufvermögens	− 1.100
= Nettoverschuldung	**= 9.210**

Erläuterung

Die Nettoverschuldung wird aus dem zinstragenden Fremdkapital abzüglich der flüssigen Mittel berechnet. Alternativ wird auch das gesamte bilanzielle Fremdkapital abzüglich der flüssigen Mittel und abzüglich der Pensionsrückstellungen (diese besitzen häufig Eigenkapitalcharakter) zur Berechnung herangezogen.

Die Nettoverschuldung gibt an, wie hoch die Verschuldung eines Unternehmens ist, sofern alle Verbindlichkeiten durch kurzfristige Vermögensgegenstände getilgt würden. Hat ein Unternehmen beispielsweise eine höhere Position an liquiden Mitteln als Fremdkapital, so ist das Unternehmen de facto schuldenfrei und nutzt durch die Hebelwirkung des eingesetzten Fremdkapitals (Leverage Effekt) die positiven Effekte auf die Eigenkapitalrentabilität aus. Zu beachten ist jedoch, dass eine hohe Cash-Position wiederum wenig Rendite einspielt und daher aus Sicht eines Investors nicht sinnvoll ist.

Vorteile	Nachteile
• Die Berücksichtigung des liquiden Vermögens ermöglicht eine genauere Risikobetrachtung • Insbesondere unter Berücksichtigung des Cash Flows (Dynamischer Verschuldungsgrad) eine sinnvolle Größe als Frühindikator für Finanzierungsrisiken	• Im Zuge der Vergleichbarkeit sollten auch Leasingverträge (z.B. Operating Leases) mit berücksichtigt werden • Als absolute Größe wenig aussagekräftig

Kapitel 6

Cash Flow Kennzahlen

6.1 Cash Flow aus laufender Geschäftstätigkeit

Formel **Beispiel**

Jahresüberschuss	950
+ Abschreibungen / − Zuschreibungen	+ 980
+ Zunahme / Abnahme der Rückstellungen	+ 5
− Sonstige zahlungsunwirksame Erträge / + Aufwendungen	0
− Gewinn / + Verlust aus Abgang Anlagevermögen	0
− Zunahme / + Abnahme Vorräte & Forderungen aus L&L	− 32
+ Zunahme / − Abnahme Verbindlichkeiten aus L&L	− 219
+ Einzahlungen / − Auszahlungen aus a. o. Posten	0
= Cash Flow aus laufender Geschäftstätigkeit	**= 1.684**

Erläuterung

Der Cash Flow aus laufender Geschäftstätigkeit (oder: operativer Cash Flow) stellt eine finanzielle Stromgröße dar und gibt den Zahlungsmittelüberschuss an, der durch das operative Geschäft in der betrachteten Periode erzielt wurde. Der Cash Flow gibt damit gewissermaßen das finanzielle Betriebsergebnis an. Dies geschieht, indem der Jahresüberschuss durch Größen bereinigt wird, die nicht zu Zahlungsströmen geführt haben bzw. die nicht dem operativen Geschäft zuzuordnen sind. Insbesondere bei der Unternehmensbewertung kommt dem Cash Flow eine große Bedeutung zu, da zu diesem Zweck die Summe der prognostizierten (Free) Cash Flows auf den heutigen Tag abgezinst werden (vgl. auch Discounted Cash Flow).

Vorteile	Nachteile
• Gibt Aussage über »freie Mittel« • Weniger manipulierbar als Jahresüberschuss • Guter retrospektiver Indikator für Unternehmenserfolg • Berechnung zeigt, inwieweit Abschreibungen das Ergebnis beeinflussen (»Abschreibungen müssen erwirtschaftet sein«)	• Vergleich zwischen Unternehmen kaum möglich

6.2 Cash Flow aus Investitionstätigkeit

Formel **Beispiel**

Einzahlungen aus Abgängen im Anlagevermögen	0
− Auszahlungen für Investitionen in Finanzanlagen	− 220
− Auszahlugen für Investitionen in Sachanlagevermögen	− 830
= Cash Flow aus Investitionstätigkeit	**= − 1.050**

Erläuterung

Der Cash Flow aus Investitionstätigkeit gibt den Saldo der Zahlungsmittel an, die das Unternehmen in den Erwerb von Finanz- und Sachanlagen investiert bzw. aus der Veräußerung von Finanz- und Sachanlagen erlöst hat.
In der Regel sollte der Cash Flow aus Investitionstätigkeit negativ sein, zeigt er doch, dass das Unternehmen erwirtschaftete Mittel in den Fortbestand bzw. das Wachstum des Unternehmens reinvestiert. Der Cash Flow aus Investitionen in das Sachanlagevermögen wird häufig auch als CAPEX (Capital Expenditure), der Cash Flow aus Investitionen in das Finanzanlagevermögen auch als FINEX (Financial Expenditure) bezeichnet.

Vorteile	Nachteile
• Gibt Aufschluss über Mittelverwendung • Gibt im Zusammenhang mit dem operativen Cash Flow Aufschluss über zusätzlich notwendiges Finanzvolumen	• Keine Aussage darüber, ob Erweiterungs- oder Ersatzinvestitionen getätigt wurden • Variiert stark im Zeitablauf • Keine Aussage über Sinnhaftigkeit der Investition

6.3 Cash Flow aus Finanzierungstätigkeit

Formel **Beispiel**

Einzahlungen aus Eigenkpitalzuführungen	+ 399
– Auszahlungen an Unternehmenseigner (z.B. Dividenden)	– 375
+ Einzahlungen aus Anleiheemission und Kreditaufnahme	0
– Auszahlungen und Tilgung von Anleihen und Krediten	– 450
= **Cash Flow aus Finanzierungstätigkeit**	= **– 426**

Erläuterung

Der Cash Flow aus Finanzierung gibt Aufschluss über den Saldo der Zahlungsströme, die aus der Finanzierungstätigkeit zu- bzw. abgeflossen sind. Zuflüsse können dabei aus der Aufnahme von Eigenkapital (z.B. über einen Börsengang oder eine Sekundärplatzierung einer Kapitalerhöhung am Aktienmarkt) oder aus der Aufnahme von Fremdkapital (z.B. über die Begebung einer Anleihe oder die Aufnahme eines Darlehens) stammen, Abflüsse kommen durch die Ausschüttung an Anteilseigner oder die Tilgung von Verbindlichkeiten zustande.

Vorteile	Nachteile
• Verdeutlicht die Herkunft zusätzlicher Finanzmittel • Gibt dem Betrachter wichtige Informationen über die Finanzierungstätigkeit und -fähigkeit der Unternehmung • Durch die Zusammenführung des operativen Cash Flows, des Cash Flows aus Investitionstätigkeit und des Cash Flows aus Finanzierungstätigkeit lässt sich die Veränderung der liquiden Mittel ermitteln	• Alleine nicht aussagekräftig • Variiert stark im Zeitablauf • Lässt nur bedingt Rückschlüsse auf die zukünftige Entwicklung zu

6.4 Free Cash Flow

Formel **Beispiel**

EBIT	1.695
− Steuern	− 412
+ Abschreibungen	+ 980
± Δ Rückstellungen	+ 5
− Investitionen	− 1.050
± Δ Working Capital	+ 323
± Δ Sonstige Vermögensgegenstände	+ 350
= Free Cash Flow	**= 1.891**

Erläuterung

Der Free Cash Flow bezeichnet die freien, dem Unternehmen zur Verfügung stehenden Mittel. Diese beschreiben das Wertpotential für Eigen- und Fremdkapitalgeber und stehen für die Ausschüttung von Dividenden, Gewinnthesaurierung oder Zahlung von Zinsen und Tilgung zur Verfügung.
Bei der Schätzung der zukünftigen Free Cash Flows – etwa im Rahmen der Unternehmensbewertung – werden alle einzelnen Positionen prognostiziert und etwa für die Steuerschätzung die fiktiven Steuern auf das EBIT (in Abhängigkeit der zukünftigen Steuerquote) angesetzt.

Vorteile	Nachteile
• Kann als Grundlage zur Wertermittlung eines Unternehmens herangezogen werden • Ist unabhängig von der Finanzierungsform • Aus dem Jahresabschluss zu ermitteln	• Die Höhe der Fremdkapital- und Eigenkapitalkosten sind separat zu ermitteln • Kann z.B. durch Investitionszyklen starken Schwankungen unterliegen

6.5 Cash Flow (direkt)

Formel

> Betriebseinnahmen (zahlungswirksame Erträge)
> − Betriebsausgaben (zahlungswirksame Aufwendungen)
>
> = **Cash Flow (direkt)**

Beispiel

Auf ein Rechenbeispiel wird an dieser Stelle verzichtet, da die benötigten Informationen zur Ermittlung des direkten Cash Flows dem externen Bilanzleser im Normalfall nicht zur Verfügung stehen.

Erläuterung

Bei der direkten Ermittlung des Cash Flows wird seine ursprüngliche Bedeutung als Einzahlungsüberschuss deutlich. Die direkte Ermittlung ist in der Regel nur betriebsintern möglich und wird gewöhnlich bei der internen liquiditätsbezogenen Kapitalflussrechnung durchgeführt.
Eine exakte direkte Ermittlung des Cash Flows ist dem externen Analysten daher nicht möglich.

Vorteile	Nachteile
• Exakt • Dient der Ermittlung des operativen Cash Flows • Kennzahl weniger manipulierbar als der Jahresüberschuss	• Für Externe in der Regel nicht zu ermitteln • Kann im Zeitablauf starken Schwankungen ausgesetzt sein • Wird zwar in der Literatur empfohlen, ist in der Praxis aber weit weniger verbreitet als die Ermittlung des indirekten Cash Flows • Schwieriger darzustellen

Literaturverzeichnis

Brealey, R.; Myers, S	»Principles of Corporate Finance«, 4. Auflage, Mc Graw-Hill, New York, 1991v
Copeland, T.; Koller, T.; Murrin, J.	»Unternehmenswert«, Campus Verlag, Frankfurt New York, 1993
Dahmen, A.; Jacobi, P.; Roßbach P.	»Corporate Banking«, Bankakademie-Verlag, 2003, ISBN 3933165393
DATEV eG	»Tabellen und Informationen für den steuerlichen Berater«, DATEV eG, Nürnberg, 2003
Drukarczyk, J.	»Unternehmensbewertung«, 4. Auflage Verlag Vahlen, 2002, ISBN 3800628805
Ernst, D.; Häcker, J.	»Realoptionen im Investment Banking«, Schäffer-Poeschel Verlag, 2002, ISBN 3791020560
Hadeler, T.; Arentzen, U.	»Gabler Wirtschaftslexikon, 8 Bde, Gabler-Verlag, 2002, ISBN 340930388X
Hommel, M; Braun, I.	»Fallbuch Unternehmensbewertung«, Verlag Recht und Wirtschaft, 2002, ISBN 3800513064
Kilka, M.	»Realoptionen - optionstheoretische Ansätze bei Investitionsentscheidungen unter Unsicherheit« Frankfurt am Main, 1995
Knief, P.	»Steuerberater und Wirtschaftsprüfer Jahrbuch 2003«, 21. Auflage, Deutscher Sparkassen Verlag GmbH, Stuttgart, 2002
Langenkämper, C.	»Unternehmensbewertung«, Deutscher Universitäts-Verlag, 2000, ISBN 3824470683
Nowak, K.	»Marktorientierte Unternehmensbewertung«, Deutscher Universitäts-Verlag, 2003, ISBN 3824476983

Literaturverzeichnis

Olfert, K.	»Investition«, 9. Auflage, Kiehl Verlag, 2003 ISBN 3470704791
Ossola-Haring, C.	»Das große Handbuch Kennzahlen zur Unternehmensführung«, Verlag Moderne Industrie, 2003, ISBN 3478367425
Perridon, L.; Steiner, M.	»Finanzwirtschaft der Unternehmung«, Verlag Vahlen, 10. Auflage, 1999, ISBN 3800624125
Wiehle, U.; Diegelmann, M.; Deter, H.; Schömig, P.; Rolf, M.;	»Kennzahlen für Investor Relations«, cometis, 2003, ISBN 3000126708
Wöhe, G., Döring, U.	»Einführung in die Betriebswirtschaftslehre«, 21., Auflage, Verlag Vahlen, 2002, ISBN 3800628651

Impressum

© cometis AG, Unter den Eichen 7, 65195 Wiesbaden
Alle Rechte vorbehalten

Idee:
Michael Diegelmann

Konzeption:
Michael Diegelmann
Ulrich Wiehle

Autoren & Redaktion:
Ulrich Wiehle
Michael Diegelmann
Henryk Deter
Dr. Peter Noel Schömig
Michael Rolf

Coverfoto:
Quelle: cometis AG

Projektleitung:
Michael Diegelmann
Ulrich Wiehle

Verantwortlich:
cometis AG
Unter den Eichen 7
65195 Wiesbaden

Tel: 0611 205855-0
Fax: 0611 205855-66
Mail: info@cometis.de
www.cometis.de
www.cometis-publishing.de

Leseprobe: Kennzahlen für Investor Relations

EBIT

Formel **Rechenbeispiel**

Jahresüberschuss	882
± Außerordentliches Ergebnis	0
+ Minderheiten	21
+ Steuern	594
± Finanzergebnis	− 45
= EBIT	**= 1.452**

Erläuterung

EBIT steht für »Earnings before interest and taxes«. In den USA wird die Kennzahl EBIT als Operating income bezeichnet. Dieses operative Ergebnis vor Zinsen und Steuern wird gewöhnlich für die Beurteilung der Ertragssituation des Unternehmens, insbesondere im internationalen Vergleich herangezogen. Jedoch ist das EBIT nicht nur das reine Ergebnis vor Zinsen und Steuern, wie es weitläufig bezeichnet wird, sondern genauer gesagt das operative Ergebnis vor dem Finanz- und damit Beteiligungsergebnis, was je nach Unternehmen großen Einfluss auf den Gewinn vor Steuern haben kann. Das EBIT kann alternativ auch berechnet werden, indem von den Umsätzen (inkl. sonstiger betrieblicher Erträge) alle operativen Kosten abgezogen werden.

Vorteile	**Nachteile**
• Lässt Rückschlüsse auf das reine operative Geschäft zu	• Nur in Bezug zu anderen Kennzahlen (z.B. Umsätze) aussagefähig
• Insbesondere unter Zuhilfenahme anderer Kennzahlen (z.B. Umsätze) werden industrieweite Vergleiche der operativen Ergebnisse ermöglicht	• Auch Zinseinkünfte, die keine Berücksichtigung im EBIT finden (Einkünfte aus Finanzierungstätigkeit, z.B. Ratenfinanzierungen) können Bestandteil des operativen Einkommens sein
• Verzerrungen durch steuerliche Einflüsse bleiben außen vor	
• Findet international Anwendung	

Leseprobe: Kennzahlen Dictionary

EBIT

Formula **Sample calculation**

Net income	882
± Extraordinary items	0
+ Minority interest	21
+ Taxes	594
± Financial result	(45)
= EBIT	**= 1,452**

Explanation

EBIT stands for "earnings before interest and taxes". In the US the ratio is also known as operating income/operating profit. It is generally used to assess the company's earnings position, in particular in international comparisons. However, EBIT is not only pure earnings before interest and taxes as it is referred to by many people, but in more precise terms it is the operating result before the financial and thus investment result, which may have a major impact on the pre-tax earnings depending on the respective company. EBIT can also be calculated by subtracting total operating expenses from sales (incl. other operating income).

Advantages	Disadvantages
• Allows assumptions to be made about pure operating activities	• Only meaningful when considered together with other indicators (e.g., revenues)
• Industry-wide comparisons of operating income are possible, in particular when other ratios are also considered (e.g., revenues)	• Interest income, which may not be included in EBIT, can be part of operating income (income from financing activities, e.g., financing installments)
• Distortions from tax effects are not included	
• Used internationally	

Leseprobe: Finanzprodukte für Privatanleger

Index-Zertifikate

Erläuterung

Indexzertifikate bilden die Wertentwicklung eines bestimmten Index, z.B. DAX, EuroStoxx oder Dow Jones im Verhältnis 1:1 ab. Das bedeutet, dass sich im Falle einer zehnprozentigen Veränderungen des Indexes auch der Wert des Zertifikats um 10% verändert. Anleger haben folglich mit dem Kauf von Zertifikaten die Gewissheit, immer die gleiche Performance wie der entsprechende Gesamtmarkt oder die Branche zu erreichen. Dies ist insofern attraktiv, da bei Index-Zertifikaten im Gegensatz zu klassischen Aktienfonds i.d.R. keine Ausgabeaufschläge, Verwaltungsgebühren oder performanceabhängige Gebühren anfallen. Bei Zertifikaten auf ausländische Indizes ist zusätzlich das Wechselkursrisiko zu berücksichtigen. Gleichzeitig sollte sich der Anleger vor dem Kauf vergewissern, ob die Laufzeit des Zertifikats mit seinem Anlagehorizont übereinstimmt. Für viele Indizes existieren bereits Zertifikate mit unendlicher Laufzeit, was Index-Zertifikate zu einem attraktiven Produkt für die Altersvorsorge macht.

Anlagehorizont

kurzfristig	mittelfristig	langfristig

Chance	Risiko
• Preislich deutlich attraktiver als Investments in Aktienfonds • Häufig keine Laufzeitbegrenzung, daher auch für langfristige Aktiensparpläne geeignet • Börsentäglich handelbar • Größere Risikostreuung als bei Direktinvestition in Einzelwerte	• Auch Aktienindizes können starken Schwankungen unterliegen, d.h. Marktrisiko besteht weiterhin • Mögliches Wechselkursrisiko bei Zertifikaten auf ausländische Indizes

Chancen-Risiken-Profil

niedrig	mittel	hoch

Leseprobe: Finanzprodukte für Privatanleger

Tagesgeld

Erläuterung

Sofern ein Anleger eine relativ sichere Rendite sucht und gleichzeitig täglich über sein Geld inklusive der erwirtschafteten Zinsen verfügen möchte, kann Tagesgeld eine gute Alternative darstellen. Hierfür wird ein Tagesgeldkonto benötigt, das von der Bank parallel zum Girokonto geführt wird. I.d.R. wird der Zinssatz bereits ab dem ersten Euro gewährt, so dass kein Mindestanlagevolumen erforderlich ist. Gegebenfalls existiert auch eine Staffelung, so dass der Zinssatz mit steigendem Anlagevolumen höher ausfallen kann. Tagesgeld zeichnet sich dadurch aus, dass der gewährte Zinssatz variabel ist. Sofern der Marktzins steigt oder fällt, hat auch die Bank das Recht, die Zinssätze entsprechend anzupassen. Steigt etwa der Marktzins an, so profitiert dadurch auch der Inhaber eines Tagesgeldkontos, im Gegensatz zum Festgeld-Anleger.

Anlagehorizont

kurzfristig	mittelfristig	langfristig

Chance	Risiko
• Tägliche Verfügbarkeit des Geldes	• Zinsänderungsrisiko während des Anlagezeitraums
• I.d.R. attraktivere Zinskonditionen als bei klassischen Sparbüchern	• Theoretisch niedrigere Rendite als bei Festgeldkonten
• Hohes Angebot und starker Wettbewerb unter den Banken bietet gute Konditionen für den Anleger	• Tagesgeldkonditionen können »Lockangebote« für Neukunden sein, und die Zinssätze nach bestimmten Zeitraum nach unten angepasst werden
• Ideal zum »Geld parken«, da sehr flexibles Instrument	

Chancen-Risiken-Profil

niedrig	mittel	hoch

cometis academy

Sie möchten das Know-how dieser Handbücher weiter vertiefen?

Die cometis academy bietet zusammen mit den Autoren der Handbücher und weiteren Experten praxisnahe Tagesseminare zu günstigen Konditionen an!

Zu den aktuellen Workshop-Angeboten zählen unter anderem:

- Kennzahlen & Unternehmensbewertung für Einsteiger
- Kennzahlen & Unternehmensbewertung für Experten
- Grundlagen der Investor Relations
- Insiderproblematik und Ad hoc-Publizität
- Medientraining

Für Veranstaltungstermine, weiterführende Informationen und weitere Workshop-Angebote besuchen Sie unsere Webseite

www.cometis-academy.de

oder sprechen Sie uns direkt an:

Kontakt:

cometis AG
Unter den Eichen 7
65195 Wiesbaden

Tel: 0611 20 58 55 0
Fax: 0611 20 58 55 66
E-mail: info@cometis.de
Web: www.cometis-academy.de